自主保全士
検定試験
学科問題集

2024 年度版

日本能率協会マネジメントセンター ［編］
JMA MANAGEMENT CENTER INC.

オペレーター
のための
検定試験

JN104727

日本能率協会マネジメントセンター

はじめに

　日本プラントメンテナンス協会の認定資格として、自主保全士検定試験が2001年度から開始されました。

　この認定制度は、多くの企業において人材育成の一環として広く受け入れられております。

　日本プラントメンテナンス協会は、今後さらに多くの企業の方々に人材育成や技能評価の一助としてご活用していただくために、2015年には基本理念や制度運用上の基準をまとめた「自主保全士基本ガイド」を作成しました。

　これに伴い、従来から出版しておりました参考書・問題集はすべて、2016年より「公式テキスト」「公式問題集」としてリニューアルいたしました（学科問題集（本書）および実技問題集は、2021年度から日本能率協会マネジメントセンター編）。

　また、2022年度には「公式テキスト」が改訂され、『改訂版 自主保全士公式テキスト』が出版されました。2023年度以降の自主保全士試験は、このテキストがベースとなって出題されています。

　実際の試験は1級、2級と分かれていますが、試験範囲自体に大きな差はありません。

　まず『改訂版 自主保全士公式テキスト』をもとに学習した後に、本書で自分の実力を確認し、間違った部分を再度学習するとよいでしょう。また、実技試験については、過去の問題を解説した『2024年度版 自主保全士検定試験 実技問題集』を十分に活用いただき、全員の方が合格されますよう祈願いたします。

日本能率協会マネジメントセンター

本書の使い方

級別練習問題

● 受験する級を確認しながら問題を解いていきます。ただ、幅広く学習するためには、1・2級の区別を考えることなく、すべての問題にチャレンジした方がよいでしょう。

● 問題には解答と解説がついています。間違えた問題は解説を参照して、完全に理解するようにしてください。

● 問題にはチェック欄を2回分設けてありますが、わからない問題がなくなるまで、何度でも反復学習してください。

2023年度自主保全士検定試験学科問題

● 各科目の学習を終えたら、力試しとして2023年度に出題された問題を解いてみてください。合格ラインは75点です。

目次

はじめに 3

本書の使い方 ……………………………………………………4

「自主保全士」の基準および細目 ………………………………6

級別練習問題

1 生産の基本 ………………………………………………… 14
 2 級 ……………… 14
 1 級 ……………… 22

2 生産効率化とロスの構造 ……………………………… 30
 2 級 ……………… 30
 1 級 ……………… 38

3 設備の日常保全（自主保全活動） …………………… 47
 2 級 ……………… 47
 1 級 ……………… 55

4 改善・解析の知識 ……………………………………… 63
 2 級 ……………… 63
 1 級 ……………… 69

5 設備保全の基礎 ………………………………………… 75
 2 級 ……………… 75
 1 級 ……………… 89

2023 年度自主保全士検定試験学科問題

 2 級 ……………………… 104
 1 級 ……………… 112

「自主保全士」の基準および細目

　公益社団法人日本プラントメンテナンス協会では、4つの能力、ならびにそれを支え、かつ補完するものとして5つの知識・技能を兼ね備えた者を「設備に強いオペレーター」であると認め、「自主保全士」として認定しています。

4つの能力	意　味
1.　異常発見能力	異常を異常として見る目を持っている
2.　処置・回復能力	異常に対して正しい処置が迅速にできる
3.　条件設定能力	正常や異常の判断基準を定量的に決められる
4.　維持管理能力	決めたルールをきちんと守れる

オペレーターに求められる 5つの知識・技能
1.　生産の基本
2.　生産効率化とロスの構造
3.　設備の日常保全（自主保全活動）
4.　改善・解析の知識
5.　設備保全の知識

＜自主保全士の範囲（科目・項目・細目）＞

　2023年度以降の自主保全士検定試験ならびにオンライン試験は、7～11ページ掲載の範囲より出題されます。

　出題内容は『改訂版 自主保全士公式テキスト』の内容に準じたものとなりますが、範囲に沿ったテーマの中で、テキストに記載されていない内容を含む応用的な問題が出題される可能性があります。

　また、『改訂版 自主保全士公式テキスト』中のコラム欄の内容を基にした問題が出題される可能性もあります。

　各級の出題範囲に関する最新の情報は、自主保全士公式サイトよりご確認ください。

科目	項　目	細　　目	公式テキストページ
1 **生産の基本**	安全衛生	安全に関する基本的な考え方	20 ～ 41
		「不安全状態」と「不安全行動」	
		安全衛生点検の目的と種類	
		ヒューマンエラー	
		指差呼称	
		本質安全化	
		ヒヤリハット・ハインリッヒの法則	
		安全に作業するための服装や保護具の着用	
		各種作業における安全上の注意点	
		危険予知訓練（KYT）・危険予知活動（KYK）	
		リスクアセスメント	
		労働災害記録の評価指標	
		労働安全衛生マネジメントシステム（OSHMS）	
	5S	整理	42 ～ 46
		整頓	
		清掃	
		清潔	
		躾（しつけ）	
	品質	品質管理の基本	47 ～ 53
		抜取り検査	
		QC 工程表	
		品質保全	
		ISO 9000 ファミリー	
	作業と工程	作業標準	54 ～ 56
		作業手順	
		生産統制と納期管理	
		生産管理	
	職場のモラール	リーダーシップ	57
		メンバーシップ	
	教育訓練	OJT と Off-JT	58 ～ 62
		自己啓発	
		伝達教育	
		教育計画	
		スキル管理	
		教育訓練体系	
	就業規則と 関連法令	就業規則と関連法令	63 ～ 64
		勤務時間・出勤時間	
		残業時間	
		年次有給休暇（年休）	

科目	項　目	細　　目	公式テキストページ
1 **生産の基本**	環境への配慮	公害の基礎知識	65〜73
		3R の促進	
		ゼロ・エミッション	
		グリーン購入	
		エコマーク（Eco Mark）	
		廃棄物の分別回収	
		環境マネジメントシステム	
2 **生産の効率化とロスの構造**	保全方式	生産保全（PM）	76〜81
		予防保全（PM）	
		事後保全（BM）	
		改良保全（CM）	
		保全予防（MP）	
	TPM の基礎知識	TPM の定義	82〜89
		TPM の基本理念	
		TPM のねらい	
		TPM の効果	
		TPM 活動の 8 本柱	
	ロスの考え方	生産活動の効率化を阻害するロス	90〜95
		設備の効率化を阻害するロス	
		操業度を阻害するロス	
		人の効率化を阻害するロス	
		原単位の効率化を阻害するロス	
	設備総合効率・プラント総合効率	設備総合効率・プラント総合効率	96〜106
		時間稼動率	
		性能稼動率	
		良品率	
	故障ゼロの活動	故障ゼロの考え方	107〜115
		故障ゼロへの 5 つの対策	
		保全用語の理解	

科目	項　目	細　　目	公式テキストページ
3　設備の日常保全（自主保全活動）	自主保全の基礎知識	自主保全の考え方	118～138
		保全の役割分担	
		自主保全活動の目的（ねらい）	
		自主保全活動の進め方	
		自主保全活動を成功させるポイント	
		活動時間	
		自主保全活動における安全対策（指導）	
	自主保全活動の支援ツール	自主保全3種の神器	139～152
		エフ	
		定点撮影（定点管理）	
		マップ	
	第1ステップ：初期清掃	初期清掃の目的（ねらい）	153～163
		初期清掃の進め方	
		初期清掃のポイント	
		初期清掃における安全対策	
		初期清掃の効果測定	
	第2ステップ：発生源・困難個所対策	発生源・困難個所対策の目的（ねらい）	164～171
		発生源・困難個所対策の進め方	
		発生源・困難個所対策のポイント	
		発生源・困難個所対策における安全対策	
		発生源・困難個所対策の効果測定	
	第3ステップ：自主保全仮基準の作成	自主保全仮基準の作成の目的（ねらい）	172～180
		自主保全仮基準の作成の進め方	
		自主保全仮基準の作成のポイント	
		自主保全仮基準（給油）の安全対策	
		自主保全仮基準の作成の効果測定	
	第4ステップ：総点検	総点検の目的（ねらい）	181～194
		総点検の進め方	
		総点検のポイント	
		総点検の効果測定	
	第5ステップ：自主点検	自主点検の目的（ねらい）	195～200
		自主点検の進め方	
		自主点検のポイント	
		自主点検の効果測定	
	第6ステップ：標準化、第7ステップ：自主管理の徹底	標準化の目的（ねらい）と進め方	201～203
		自主管理の徹底の目的（ねらい）と進め方	

科目	項　目	細　　目	公式テキストページ
4　改善・解析の知識	QC ストーリーによる解析・改善	QC ストーリー	207 〜 223
		QC 七つ道具	
		QC データの管理	
		新 QC 七つ道具	
	なぜなぜ分析	なぜなぜ分析	224 〜 225
	PM 分析	PM 分析	226 〜 230
	IE（Industrial Engineering）	工程分析	231 〜 236
		稼動分析	
		動作研究	
		時間研究	
		ラインバランス分析	
	段取り作業の改善	段取り作業の改善	237 〜 238
	価値工学（VE）	価値分析（VA）・価値工学（VE）	239 〜 240
	FMEA・FTA	FMEA と FTA	241 〜 243
5　設備保全の基礎	機械要素	締結部品（ねじ・ねじ部品）	247 〜 279
		軸・軸受・軸継手	
		歯車・ベルト・チェーン（伝動）	
		密封装置（シール）	
	潤滑	潤滑の機能（摩擦と潤滑）	280 〜 292
		潤滑剤の種類	
		潤滑剤の劣化	
		潤滑機器の点検	
	空気圧・油圧（駆動システム）	空気圧	293 〜 303
		油圧	
		作動油	
	電気	電気	304 〜 310
	おもな機器・設備	空気圧機器	311 〜 352
		油圧機器	
		電気機器	
		工作機械	
	材料	金属材料	353 〜 367
		非鉄金属材料	
		金属材料記号の見方	
		金属の結合	
		改善に必要な材料	
		接着剤	

科目	項　目	細　目	公式テキストページ
5 設備保全の基礎	工具・測定器具	長さの測定機器	368 ～ 387
		角度の測定機器	
		温度の測定機器	
		回転計	
		流量計	
		振動計	
		電動工具	
		その他の工具	
	図面の見方	製図の重要性	388 ～ 399
		投影法	
		基本的な寸法記入法	
		表面性状と表面粗さ	
		寸法の許容限界	

<『改訂版 自主保全士公式テキスト』おもな変更個所>

　今回、自主保全士の範囲ならびに『改訂版 自主保全士公式テキスト』におきましては、より現代の生産現場で必要とされる設備管理技術に見合った内容へ近づけることや、判読性の向上を目的とした変更を行っています。

　従来からのおもな変更個所は以下のとおりです。

　■科目2と科目3の科目順を入替え

　[変更前] 科目2：「設備の日常保全(自主保全全般)」　科目3：「効率化の考え
　　　　　方とロスの捉え方」

　[変更後] 科目2：「生産効率化とロスの構造」(名称変更)　科目3：「設備の
　　　　　日常保全(自主保全全般)」

　■「QC七つ道具」「QCデータの管理」「新QC七つ道具」項目を、科目1から科目4に移動

　■「科目5　設備保全の基礎」の出題範囲に、軸、軸継手（『改訂版 自主保全士公式テキスト』262 ～ 263ページ）ならびに密封装置（『改訂版 自主保全士公式テキスト』275 ～ 279ページ）を追加

　これ以外にも、各科目・項目・細目について、名称の変更や統合を実施しています。

級別
練習問題

1. 生産の基本

2. 生産効率化と
ロスの構造

3. 設備の日常保全
（自主保全活動）

4. 改善・解析の知識

5. 設備保全の基礎

1. 生産の基本

2級

次の文章の内容が正しければ○、間違っていれば×で答えよ。

チェック欄

1回目 2回目

1 整頓とは、必要なものと不要なものに分け、不要なものを処分することである。

2 うっかりミスによる災害は、不安全状態に含まれる。

3 玉掛けをするとき、ワイヤーロープの吊り角度は90度以内にするのが原則である。

4 下記の保護具は、高所作業中に墜落の危険を防止するために用いられるものである。

5 3Rのうち、ビール瓶などのリターナブル瓶を使用することはリサイクルにあたる。

6 職場でのミーティング、朝礼、夕礼などで、複数人を対象とする教育・指導はOJTとはいわない。

7 年次有給休暇（年休）は自分の都合のよい日に取得できるので、職場の都合は考慮しなくてもよい。

8 ボルト・ナットは1個ずつ識別できるので、全数検査を行う。

9 自己啓発の例として、通信教育や資格取得などがある。

☐☐ **10** ヒューマンエラー対策として、フールプルーフやフェイルセーフがある。

☐☐ **11** ヒューマンエラーを防止する方法の1つとして「目で見て、声を出して確認行動をする」指差呼称がある。

☐☐ **12** 災害が発生していない職場では、リスクアセスメントは不要である。

☐☐ **13** ゴミとして出さない、ゴミのかさ（量）を減らすことで発生抑制を図る考え方をリユースという。

☐☐ **14** 日々の自主保全活動のなかで、「知っているけどやれない」オペレーターには、OJTによる教育・訓練が有効である。

☐☐ **15** 抜取り検査では、ある程度の不良品の混入を許さなければならない。

☐☐ **16** クレーンなどが一定の高さ以上に荷物を吊り上げないための巻きすぎ防止装置はフールプルーフである。

☐☐ **17** 停電などで電源が遮断されても、エレベーターが落下しないようにする考え方をフールプルーフという。

☐☐ **18** 工作機械作業中に停電したときは、まずスイッチを切る。

☐☐ **19** 5Sの清潔とは髪や手、作業服・靴などを普段からきれいにしておくことである。

☐☐ **20** 「不安全状態」とは、災害や事故を起こす原因となる人の行動である。

☐☐ **21** 単にヒヤリとしただけの無災害事故をヒヤリ事故という。

☐☐ **22** 商品に再資源化しやすい材料の採用したり、材料表示することは、リサイクル（Recycle）の活動に含まれる。

☐☐ **23** 1つの休業災害を起こす裏には29件もの不休災害があり、その背景には300件ものヒヤリまたはハットしただけの無災害事故が起きていることをヒヤリハットという。

☐☐ **24** 5W1Hは、データを整理するときの基本原則である。

☐☐ **25** 自然現象による地盤沈下や、工業用水の汲みあげによる地盤沈下は、公害としては扱わない。

1. 生産の基本

2級

1級

26 メンバーシップとは、集団を構成するメンバーとして、目標達成のための自己の能力・スキルを最大限に活用して各自の役割を果たし、集団に貢献することである。

27 5S で、整理・整頓・清掃の状態を、常に維持しておく活動は「しつけ」である。

28 循環型社会を目指すための活動の 3R とは、リデュース（減量）・リユース（再利用）・リサイクル（再資源化）である。

29 ある製品のロットの抜取り検査で不良品が見つかったので、その製品のみを抜き取ってほかは合格品として後工程に流した。

30 下図は、改善のサイクルを表した図である。

```
        4      1
     Action  Plan
                      コントロール
        3      2      が前進する
     Check   Do

  //////// 社内標準化または
          データに基づく事実
```

31 ヒューマンエラーは睡眠不足や疲労によっても起こる。

32 指差呼称をすることによって、人間の意識レベルはクリアな状態に変化し、集中力が高まる。

33 環境負荷のできるだけ小さいものを優先的に購入する活動を、エコマーク活動という。

34 伝達教育で重要なのは、教える側が「単に学んだことを教える」だけでなく、「教えることによって学ぶ」ことである。

35 抜取り検査で製品をサンプリングする場合、必ずロットの最初と最後から抜く。

36 労働災害は、不安全行動と不安全状態が複合して発生することが多い。

37 「フールプルーフ」とは、作業者がエラーをしても、自動的に安全を確保でき、災害・事故につながらないような考え方である。

☐☐ **38** OJT は新入社員教育にはあまり役に立たない。

☐☐ **39** 三現主義とは、現場・現物・現実を重視する考え方である。

☐☐ **40** 点検には、定期点検、日常点検、特別点検の 3 つがある。

☐☐ **41** ヒューマンエラーをゼロにすることは可能である。

☐☐ **42** 5S と品質は直接関係がない。

☐☐ **43** 自動車は大量生産されているので、抜取り検査が行われる。

☐☐ **44** ワンポイントレッスンの活用は、伝達教育の有効な手段である。

☐☐ **45** 災害を発生させるものとして、設備の不安全状態と人の不安全行動がある。

☐☐ **46** 工場、事業場、建設工事などによる振動は、地域を環境省が指定する。

☐☐ **47** 玉掛け作業では、ワイヤーロープはフックの中心に掛ける。

☐☐ **48** 安全点検では、設備の不安全状態と人の不安全行動を顕在化することが大切である。

☐☐ **49** モラールとは、道徳、倫理という意味である。

☐☐ **50** メンバーシップ向上のために、報告・連絡・相談を積極的に行った。

1. 生産の基本

2 級

1 級

1. 解答と解説　　2級 生産の基本

1 ✕ 題意は整理のことである。整頓とは、必要なものはキチンと並べ
ておき、すぐ取り出せる状態になっていることである。

2 ✕ うっかりミスが引き起こした災害は、不安全行動に含まれる。

3 ✕ 吊角度は60度以内が原則である。吊り角度が大きくなるにした
がって、1本のロープにかかる張力が大きくなる。

4 ○ 題意のとおり、高所作業中に万一墜落しても災害を未然に防ぐ保
護具である。

5 ✕ 題意はリユース（再利用）である。リサイクル（再資源化）とは、
アルミ缶を収集してもう一度アルミニウムの原料に充てるような
ことをいう。

6 ✕ 個別指導に加えて、職場のミーティング、朝礼・夕礼などに複数
人を対象に教育・指導することもOJTと呼ぶことが多い。

7 ✕ 年次休暇（年休）は原則として自由に利用することができ、使用
者の干渉は許されない。しかしその利用については、代替者の配
置、作業の繁閑などを勘案して、前もって利用日が予定されてい
る場合は、職場の都合を考慮するべきである。

8 ✕ ボルト・ナットや紙などの多量・連続生産の製品の場合には、全
数検査でなく一部を抜き取って検査し、ロットの合格、不合格を
判定する抜取り検査を行う。

9 ○ 自己啓発は自分自身で勉強し、理解を深めて能力育成を図る方法
である。そのための具体的なものとして、通信教育、資格取得な
どがある。

10 ○ フールプルーフはエラーを未然に防ぎ、フェイルセーフはエラー
をしても安全側に作動するようにした考え方である。

11 ○ 指差呼称によって、人間の意識レベルがクリアな状態に変化し、
集中力が高まる。その意味で、ヒューマンエラー事故防止にきわ
めて有効である。指差呼称によって、エラー発生が約6分の1以
下に減ることが証明されている。

12 ✕ 災害が発生していない職場であっても、自主的に職場の潜在的な
危険性や有害性を見つけ出し、事前に的確な安全衛生対策を講ず
るリスクアセスメントが不可欠である。

13 ✕ 題意はリデュースのことである。リユースとは、回収された商品・部品、を必要に応じて適切な処理をして再利用を図ることである。

14 ◯ 題意のとおりで、実際の業務の中でできるようになる教育・訓練が必要である。

15 ◯ 題意のとおりで、ボルト・ナットのように多数・多量のもの、検査項目が非常に多く、全数検査が困難なものに抜取り検査がなされる。

16 ◯ フールプルーフとは作業者がエラーをしても自動的に安全を確保でき、災害・事故につながらないような考え方で、題意のクレーンの巻きすぎ防止装置などが相当する。

17 ✕ 設問はフェイルセーフの例である。

18 ◯ 題意のとおりで、まずスイッチを切り、次にベルト、クラッチ、送り装置を遊びの位置にセットしておく。

19 ✕ 5Sの清潔とは、整理・整頓・清掃を徹底して実行し、汚れのないキレイな状態を常に維持しておくことである。

20 ✕ 「不安全状態」とは、災害や事故を起こす原因となる物的な状態または環境である。

21 ◯ 水たまりですべっても必ずケガをするというわけではない。このような無災害事故をヒヤリ事故といい、こうしたヒヤリハットによる潜在危険を防ぐためには、ヒヤリハットを摘出することが重要である。

22 ◯ リサイクル（Recycle）の活動には、商品に再資源化しやすい材料の採用と材料表示の実施がある。

23 ✕ 題意はハインリッヒの法則のことである。ハインリッヒの法則は、別名1：29：300の法則としても知られている。

24 ◯ 5W1Hとは、Who（誰が）、What（何を）、When（いつ）、Where（どこで）、Why（なぜ）、How（どのように）というように見ていく。集めたデータをこのように整理し、解析し、改善をするときには5W1Hを基本にして層別していく。

25 ✕ 自然現象による地盤沈下は公害ではないが、工業用水の汲みあげによる地盤沈下は公害である。

26 ○ 題意のとおりで、そのためには、スムーズな報告、連絡、相談（報・連・相）などでコミュニケーション能力をあげて、相互にフォローしやすい環境を醸成することで、目標達成に近づくことができる。

27 × 題意は「清潔」のことである。しつけとは、さまざまな決めごとやルールをきちんと守れるよう習慣化することである。

28 ○ 題意のとおりで、リデュースは減量、リユースは再利用、リサイクルは再資源化を意味する。

29 × 抜取り検査とは、製品のロットからランダムに一部を取り出して試験し、その結果を判定基準と比較して、そのロットの合格・不合格を決定するものである。したがって題意の場合は、不良品の出たロットはすべて不合格となる。

30 × 管理のサイクル（PDCA サイクル）を表した図である。

31 ○ 睡眠不足や疲労は、注意力を散漫にしたり動作を緩慢にする。このような状態のときに、うっかりミスや操作ミスなどのヒューマンエラーが起こりやすい。

32 ○ 指差呼称は確認するべき対象をしっかり目で見て、指を差して「右ヨシ！　左ヨシ！」などと大きな声で唱えて確認する行動である。

33 × この設問は、グリーン購入のことである。エコマークとは、環境保全に役立つ商品に付けられていて、消費者が購入する際の選択を助けている。

34 ○ 単に学んだことを教えるだけでなく、自分なりに工夫を加え、自職場に合った形に置き換えてメンバーに伝える。このことを、「教えることによって学ぶ」という。

35 × サンプリングする際には、任意の位置から無作為に抜く。

36 ○ 題意のとおりで、労働災害は、人の面である不安全行動と、ものの面である不安全状態が関連して起こることが多い。

37 ○ 題意のとおり。例として、クレーンなどで一定の高さ以上に荷物を吊り上げないための巻過ぎ防止装置、プレス機械に光線式や両手押しボタン式の安全機構を組み込んだものなどがある。

38 × OJT は仕事を通じた教育訓練と定義されるもので、業務に従事させながら上司や先輩が個別的に部下などを教育・指導する方法である。新人教育に役立つ。

39 ○ 問題が発生したら、ただちにその現場へ行き、現物を見、現象（現実）を確認して原因追究を行い、処置をするという行動指針を示すものである。

40 ○ 題意のとおりで、点検は、法規に基づく定期点検、作業責任者自ら、または指示した部下にやらせる日常点検、異常時の特別点検に分けられる。

41 × ヒューマンエラーをゼロにはできないが、コントロールは可能である。そのためには、同じような災害を繰り返さないための「仕組みづくり」をしていくことが大切である。

42 × 設備機械はゴミ、汚れを非常にきらうものであり、これらが設備精度を落とし、品質不良のもとにもなるので、品質に大きく関係する。

43 × 自動車のように人命に影響を与えるものや、検査費用に比べて製品が高価なものについては全数検査を行う。

44 ○ 伝達教育では、ワンポイントレッスンにまとめることで、単に同じことを教えるだけでなく、自分なりに工夫し、自分の現場・設備に合った形に置き換えて伝えることができる。

45 ○ 不安全状態とは高所に柵がない、床がすべりやすいなど、不安全行動とは安全規則を遵守しないなどがある。

46 × 振動の地域を指定するのは都道府県知事である。

47 ○ フックは、中心がもっとも強く、端は弱いという特性がある。

48 ○ 題意のとおりで、安全点検においては、設備に関しては不安全状態（高所に柵がない、床がすべりやすいなど）をチェックする、人に関しては不安全行動（安全規則を遵守しないなど）をチェックすることが重要である。

49 × 題意はモラルのことで、モラールとは士気、熱意という意味である。

50 ○ メンバーシップとは、サークル員として、リーダーの指示により目標達成のための自己の能力・スキルを最大限に活用して協力していくことであり、そのためにはホー（報告）・レン（連絡）・ソー（相談）がスムーズに行われることが重要である。

1級

次の文章の内容が正しければ○、間違っていれば×で答えよ。

チェック欄

1回目 2回目

1 5S 活動は、まず整理から始める。

2 吊り荷の玉掛けで、ワイヤーロープの重心は高いほうが荷は安定する。

3 リスクアセスメントとは、職場の潜在的な危険性または有害性を見つけ出し、除去・低減させるための手法である。

4 産業廃棄物は 3R（リサイクル・リデュース・リユース）の対象とならない。

5 下図において、A に入るのは「推進部門による見直し」である。

```
環境方針  ➡  計画  ➡  実施・運用
   ⬆              ⬈           ⬇
   ［      A      ］  ⬅  統制
```

6 自分が学んだことを整理して、上司に報告することを伝達教育という。

7 JIS は、日本産業規格の略称で、設備や商品を構成している鉱工業製品の形状、品質、使用方法、安全条件など、さまざまな技術的条件に関する国家規格である。

8 「知っている、できる、そうするつもり」が実際に作業に活かされず不安全行動になり、ケガの原因になるような人的な失敗を「ヒューマンエラー」という。

9 電動機の接地（アース）を補修するときは、電源を切ってから行う。

10 5S における整頓とは、必要なものと不要なものに分け、不要なものを処分することである。

□□ **11** 酸素欠乏の危険がある場所で作業を行う場合は、酸素欠乏危険作業主任者の指揮のもとで行わなければならない。

□□ **12** 労働安全衛生マネジメントシステムは、PQCDSME を通じて実施する。

□□ **13** KYT（危険予知トレーニング）の４ラウンドの第１ラウンドは現状把握である。

□□ **14** リデュースの活動には、生産段階での資源の消費を抑制すること、製品ライフを延長する設計することなどがある。

□□ **15** OJT の特徴の１つとして、個性尊重の教育が可能であることがあげられる。

□□ **16** 率先して手本を示すことも、リーダーシップのひとつである。

□□ **17** 設備に異常が発生したとき、設備を即停止し非作動状態にする装置はフェイルセーフである。

□□ **18** 玉掛け作業をするときは、ワイヤーロープの吊り角度は 45 度以内にするのが原則である。

□□ **19** ISO 9000 シリーズは、製品そのものの品質を保証する国際規格である。

□□ **20** リスクアセスメントの基本的な手順で、まず最初に行うのは「危険性または有害性の特定」である。

□□ **21** 工作機械で作業中に停電したら、まずベルト、クラッチを遊びの位置にセットし、その後スイッチを切る。

□□ **22** 年次有給休暇の取得は、原則としていかなる目的にもこれを自由に利用することができる。

□□ **23** 品質保全とは、不良を発生させないための条件を設定し、管理することである。

□□ **24** SDG's（持続可能な開発目標）には、20 のゴール（目標）が設けられている。

□□ **25** 指定された保護具を使わないのは不安全状態の例である。

□□ **26** アーク溶接の作業は、特別教育の修了者が行う。

□□ **27** ヒヤリハットでは、赤チン災害程度の小さなものは取り上げない。

1. 生産の基本

2級

1級

28 災害強度率とは、労働者 1,000 人あたりの年間の死傷者数を表したものである。

29 設備のチョコ停時の対応は、不安全状態の一例である。

30 教育・訓練を行う場合、OJT だけでは担当者により内容にバラツキがあったり、職務に対する視野が狭くなる場合がある。

31 下図において、A に入るのは「改善をすることができる」である。

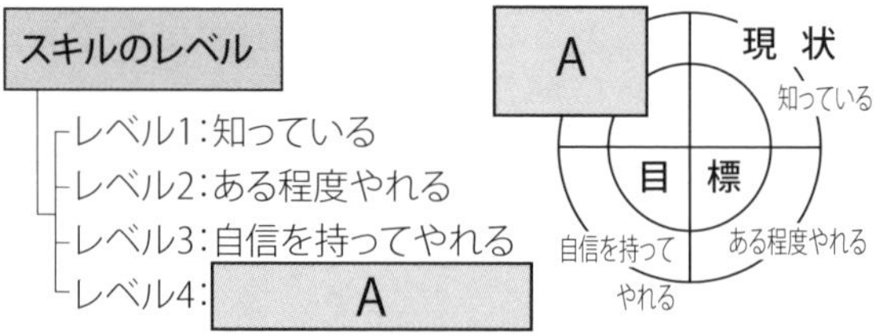

スキルのレベル

　レベル1：知っている
　レベル2：ある程度やれる
　レベル3：自信を持ってやれる
　レベル4：　　　**A**

A	現　状

知っている

目　標

自信を持って
やれる　　　　ある程度やれる

32 指差呼称のポイントは、大きな動作で他の人にわかるようにすることである。

33 QC 工程表は、製品の納入管理を目的とした工程表である。

34 「不安全状態」とは、災害ないし事故を起こす原因となりうる物的な状態もしくは環境のことである。

35 環境負荷のできるだけ小さいものを優先的に購入する活動を、エコマーク活動という。

36 就業規則や労働協約などで残業時間が明瞭になっていれば、原則として労働者は残業命令に拘束されるが、急に命令が出された場合、労働者の拒否権が認められるケースがある。

37 PDCA サイクルとは、「計画」「実行」「点検」「安全」の管理の環を回すことである。

38 高所作業とは、床面または地上から高さ 2m 以上をいう。

39 7 公害とは、大気汚染、水質汚濁、騒音、悪臭、地盤沈下、土壌汚染、薬害である。

40 品質管理では、不良の主要な原因は「バラツキ」にあると考える。

☐☐ **41** 労働安全衛生法には、職場のメンタルヘルスなどに関する項目も規定されている。

☐☐ **42** 動いている機械やコンベヤの中に落とした原材料や工具を、機械を止めずに拾おうとして起こる身体の挟まれ災害は、不安全行動の例である。

☐☐ **43** ハインリッヒの法則の1：29：300とは、1件の休業災害を起こす裏には29件のヒヤリハットがあり、その背景には300件の不休災害があるということを意味している。

☐☐ **44** 作業標準に不具合が生じたので、現場の判断で一部を改訂した。

☐☐ **45** 品質保全は、できた製品の品質管理をより強化して品質保証をすることをねらいとしている。

☐☐ **46** 公害の悪臭は、国が市町村長の意見を聞いて悪臭の規制地域を指定する。

☐☐ **47** オペレーターのスキルを向上するためには、「スキル評価表」の低い項目から教育・訓練する。

☐☐ **48** Off－JTとは、仕事を通じた教育訓練のことであり、業務に従事させながら、上司や先輩などが個別に部下などを教育・指導することである。

☐☐ **49** 5Sで「整理・整頓・清掃の状態を、常に維持しておく」のは清潔の定義である。

☐☐ **50** リーダーシップとは、集団を構成するメンバーに目的や方針を理解させ、自発的にそれらの達成の方向へ行動させる機能（影響力や指導力）をいう。

1 ○ 題意のとおりで、整理から始めるのが一般的である。整理とは必要なものと不要なものに分け、不要なものは処分することである。その整理が済んでから、整頓・清掃・清潔と続けていき、それらをきちんと守り、定着させる「しつけ」へとつなげていく。

2 × ワイヤーロープの重心は低いほうが安定する。

3 ○ 題意のとおりで、災害が発生していなくても、作業の潜在的な危険性・有害性は存在しており、これが放置されると、いつかは労働災害が発生する可能性がある。

4 × 産業廃棄物は環境破壊をもたらすことから、社会全体の問題であり 3R の対象である。廃棄物を排出する企業は、製造工程から出るゴミを、別の産業に再生原料として利用する「廃棄物ゼロ」の生産システム構築を目指している。

5 × A に入るのは「経営層による見直し」である。

6 × 伝達教育の最大の特徴は、他のメンバーに「教えることで自ら学ぶ」点である。

7 ○ 題意のとおりで、JIS は国の機関でオーソライズした製品の規格であり、一方、ISO は「消費者、ユーザー、お客様の目でメーカーの仕事のやり方や商品の特性値を確認していこう」というシステムだといえる。

8 ○ 題意のとおりで、ちょっとした判断ミスやうっかりミスをなくすには、災害が起こったとき、エラーの発生要因や、影響が拡大したプロセスなどを突きつめて調査・分析して、同じような災害を繰り返さないための「仕組みづくり」を整えていくことが大切である。

9 ○ 感電事故を防止するため、必ず電源は切ってから作業するようにする。

10 × 題意は整理のことである。整頓とは、必要なものはキチンと並べておき、すぐ取り出せる状態になっていることである。

11 ○ 題意のとおりで、酸素欠乏症等防止規則に定められている。

12 × 労働安全衛生マネジメントシステムは、PQCDSME ではなく、PDCA サイクルを通じて安全衛生管理を自主的・継続的に実施する仕組みである。

13 ○ 題意のとおりで、第1ラウンド：現状把握、第2ラウンド：本質追究、第3ラウンド：対策樹立、第4ラウンド：目標設定である。

14 ○ リデュース（Reduce）は、ゴミとして出さない、ゴミの発生抑制を図る活動である。生産段階では、資源の消費を抑制すること、製品ライフを延長する設計することなどがある。

15 ○ 個性尊重の教育が可能なのは OJT の特徴である。そのほかの特徴として、実践的な教育が可能、きめ細かなフォローが可能などがある。

16 ○ 題意のとおりである。リーダーシップとは、「一定の目標達成のために、一定の状況のもとで、個人または集団に心理的な影響を与え、それを通して行動変化を生じさせる活動」のことである。

17 ○ フェイルセーフとは設備・機械に異常事態が発生しても、それが全体の事故や災害に波及せず、安全側に作動したり停止するように配慮された考え方である。

18 ✕ 玉掛けをするときは、ワイヤーロープの吊り角度は60度以内にする。

19 ✕ 製品そのものではなく品質管理体制を規定するための規格である。

20 ○ 題意のとおりで、5つの手順のうち、まず最初に行うものである。

21 ✕ 停電したらまずスイッチを切ること。その後、ベルト、クラッチ、送り装置を遊びの位置にセットする。

22 ○ 題意のとおりであるが、その利用については、諸般の事情（年休請求権者の職場における配置、その職務内容および性質、代替者配置の難易、作業の繁閑、同時に休暇を請求する者の人数など）を総合的に勘案して合理的に決定すべきであり、前もって利用日が予定されている場合は、職場の混乱が起きないように事前に相談・申請するべきである。

23 ○ 不良を発生させないための条件を管理し、その条件が基準を超える前に対策して、不良ゼロを維持することである。

24 ✕ SDG's「Sustainable Development Goals（持続可能な開発目標）」には、17のゴール（目標）が設けられている。

25 ✕ 題意は不安全行動の例である。不安全状態とは、たとえば酸素欠乏（酸欠）の恐れのある作業環境などのように、災害や事故を起こす原因となる物的な状態または環境のことである。

26 ◯	題意のとおりで、労働安全衛生法で定められている。
27 ✕	ヒヤリとしたり、ハッとしたものは、どのような些細なことでも取り上げて対策しなければ、いつか大事故が発生してしまう。
28 ✕	災害強度率は、1,000 労働時間あたりの災害による労働損失日数を表す。
29 ✕	設備の故障やチョコ停時の対応は、標準作業化された業務とは異なる「非定常作業」であり、不慣れからくる不安全が潜んでいる不安全行動である。
30 ◯	題意のとおりであるが、バラツキや視野が狭くなるのを補足するために Off － JT、自己啓発をうまく活用することが重要である。
31 ✕	A に入るのは「教えることができる」である。
32 ✕	指差呼称は、自分の行動が正しいか、安全かどうかを自分自身が確認するために行うもので、他人にわかるようにすることではない。
33 ✕	製造工程の流れに沿って、誰が、何を、いつ、どの工程で、どのような方法で管理するかを決めた表である。
34 ◯	たとえば、扱っている加工または組立製品の構成部品、あるいは設備装置自体の作業安全面の欠陥、保護具や服装の欠陥、有害化学物質（気体、液体、固体）の存在や作業域への飛散の危険性や酸素欠乏（酸欠）の恐れのある衛生環境の欠陥などがある。
35 ✕	題意はグリーン購入のことである。エコマークとは、環境保全に役立つ商品などに付けられているマークのこと。
36 ◯	題意のとおり。急に残業命令出されたとき、労働者の前もっての計画、予定が実現不可能となるような場合は労働者の拒否権を認めるのが一般的である。
37 ✕	PDCA は、P：Plan（計画）、D：Do（実行）、C：Check（点検）、A：Action（改善）を示している。
38 ◯	題意のとおりで、高所作業では安全帯を使用しなければならない。
39 ✕	薬害ではなく、振動である。1976 年に環境庁（現環境省）が振動規制法を制定した。
40 ◯	題意のとおりで、その解析・改善のために、「QC 七つ道具」に代表される統計学が応用されている。

41 ◯ 題意のとおり。2014年6月労働安全衛生法が改正され、従業員数50人以上のすべての事業場にメンタルヘルス対策としてストレスチェックの実施を義務付ける規定が盛り込まれた。

42 ◯ 不安全行動とは、災害や事故を起こす原因となる人の行動のことで、題意のようなうっかりミスも含まれる。

43 ✕ 1：29：300とは、1件の休業災害を起こす裏には29件もの不休災害があり、その背景には300件ものヒヤリまたはハットしただけの無災害事故が起きているということである。

44 ✕ 作業標準は標準のとおりの仕事をすることによって、作業能率の向上、品質の安定、安全の確保などを図ることができるようになっている。作業標準は一度決定したならば、正規の手続きを経ないまま変更してはならない。

45 ✕ 工程・設備で品質をつくり込んで、不良の未然防止を図ることで、良品率100％を製造工程で確立することをねらいとしている。

46 ✕ 国ではなく、都道府県知事が指定する。

47 ◯ 題意のとおり、教育・訓練によってスキル評価の低い項目から強化する。

48 ✕ 題意はOJTのことである。Off－JTは通常の業務を離れて、会議室で行う研修や社外のセミナーや研究会へ参加して行う教育訓練をいう。

49 ◯ 5Sの定義は以下のとおりである。①整理：必要なものと不要なものに分ける。②整頓：必要なものを使いやすいように、キチンと並べておく。③清掃：機械・型・治工具・測定具などがきれいに掃除・手入れされている。④清潔：整理・整頓・清掃の状態を、常に維持しておく⑤しつけ：さまざまな決めごとやルールをキチンと守るよう訓練し、習慣化を図ること

50 ◯ リーダーには、集団を維持させようとする集団内への働きと、集団の目標を達成しようとする集団外への働きの2つの機能がある。

1. 生産の基本

2級

1級

2. 生産効率化と ロスの構造

2級

次の文章の内容が正しければ○、間違っていれば×で答えよ。

チェック欄

1回目 2回目

1 下図の平均故障寿命を求める式の A に入る語句は、「MTTR」である。

t_1、t_2、t_3、t_4：各部品の寿命

$$A = \frac{t_1 + t_2 + t_3 + t_4}{4}$$

2 バスタブ曲線は、大きく、初期故障期、突発故障期、摩耗故障期に分けられる。

3 段取り替えは生産を行ううえで必要なので、それにかかる時間はロスとはいわない。

4 朝の始業前点検で劣化部品を見つけて交換した。これは予防保全である。

5 設備総合効率における良品率を算出する際の不良数量には、手直し品も含める。

6 平均修復時間（MTTR）は保全度を表す評価尺度である。

7 生産システムのアウトプットとして、P（生産性）、Q（品質）、C（コスト）、D（納期）、S（安全）、M（モラール）、E（環境）があげられる。

8 故障間隔がバラつく最大の要因は、自然劣化である。

9 プラント総合効率を算出する際の暦時間とは、シャットダウンした期間は含めない。

10 予防保全をするよりも、事後保全のほうが経済的な場合もある。

11 不良品が発生しても、手直しで良品にできるものはロスとしてカウントする必要はない。

12 強制劣化を防止するための「清掃」「給油」「増締め」を基本条件といい、その整備が重要である。

13 下図の故障ゼロのための原則を説明している図において、Aに入る語句は「劣化」である。

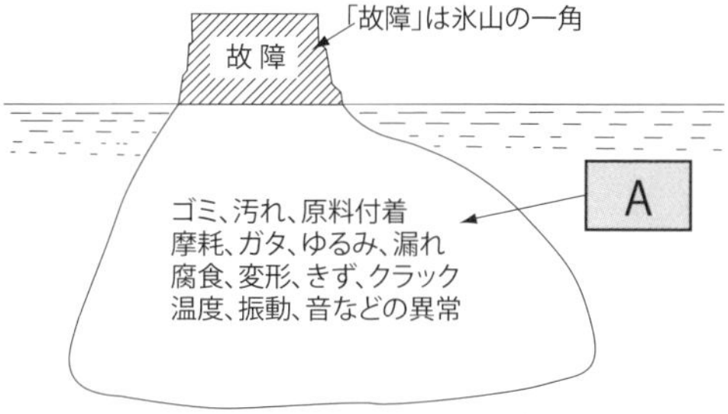

「故障」は氷山の一角

故障

ゴミ、汚れ、原料付着
摩耗、ガタ、ゆるみ、漏れ
腐食、変形、きず、クラック
温度、振動、音などの異常

A

14 稼動時間から正味稼動時間を引いた差は停止ロスである。

15 状態基準保全（CBM）では、劣化の進行を定量的に予知・予測して、補修や取替えを計画・実施する。

16 生産活動における16大ロスのうち故障ロスは、人の効率化を阻害する5大ロスの1つである。

17 TPMの定義にある「全員参加」とは、生産現場のオペレーター全員が行う自主保全活動のことである。

18 修理可能なシステムや設備などが、ある期間中において、その機能を果たし得る状態にある時間の割合をアベイラビリティという。

19 設備効率を阻害するロスで、チョコ停・空転ロスが影響してくるのは正味稼動率である。

20 「設備が故障する前に保全する」やり方を予防保全という。

21 設備を設計スピードで稼動したら機械的トラブルが発生したので、スピードダウンして運転した。これはロスとはいわない。

☐☐ **22** 保全の3要素の中で、保全部門の活動の重点は「劣化を測る活動」「劣化を復元する活動」である。

☐☐ **23** 自然劣化は強制劣化よりも劣化の進行が遅い。

☐☐ **24** ライフサイクルコストは、開発から使用までのトータルコストである。

☐☐ **25** 時間基準保全（TBM）で保全の時期を決めるには、過去の故障実績や整備工事実績を参考にする。

☐☐ **26** 人の効率化を阻害する5大ロスは、① 管理ロス、② 動作ロス、③ 編成ロス、④ 自動化置換ロス、⑤ 停滞ロスの5つである。

☐☐ **27** プラント総合効率とは、時間稼動率、性能稼動率、良品率の相乗積で表す。

☐☐ **28** 故障モードには、断線、変形、クラック、摩耗などがある。

☐☐ **29** 自主保全活動では、まず製品の品質特性を明らかにし、次に、4Mの最適条件（不良ゼロの条件）を設定し、この条件を維持したうえで製品を製造する。

☐☐ **30** MTBFとは、故障してから次の故障が起きるまでの動作時間の平均を表す。

☐☐ **31** 生産保全には事後保全、予防保全、改良保全、保全予防の4つの方式の保全活動がある。

☐☐ **32** 多工程持ち・多台持ちで発生する手空きロスや、コンベヤ作業で発生するラインバランスロスは管理ロスである。

☐☐ **33** 保全の3要素とは、劣化を防ぐ、劣化を測定する、劣化を改善することである。

☐☐ **34** 設備に対して使用条件、基本条件を遵守したが、機能がだんだん低下してきた。これは強制劣化である。

☐☐ **35** 設備の使用条件を正しく守り、決められたとおりにメンテナンスすれば、自然劣化は起こらない。

☐☐ **36** TPMの特色の1つは、製造部門が保全に参加するということである。

2. 生産効率化とロスの構造

2級

1級

☐☐ **37** 設備総合効率でチョコ停・空転ロスの大きさは性能稼動率で現れる。

☐☐ **38** 機械の修理が完了した後に追加工事で行う保全のことを事後保全という。

☐☐ **39** シャットダウンロスは、人の効率化を阻害するロスの1つである。

☐☐ **40** 生産開始時期における設備の起動、ならし運転、加工条件が安定するまでの間に発生するロスを立上がりロスという。

☐☐ **41** 段取り・調整作業など、人のスキル差によって発生するロスは、管理ロスのひとつである。

☐☐ **42** 改良保全を実施するのは、製造部門ではなく保全部門だけの役割である。

☐☐ **43** 故障度数率は、停止回数の合計÷故障停止時間の合計で算出する。

☐☐ **44** 予防保全とは、設備の機能低下や機能停止が起こる前に行う保全のことである。

☐☐ **45** 投入した材料（重量）と実際に良品としてできた重量との差を歩留まりロスという。

☐☐ **46** 設備を正しく使用して、自主保全活動をとおして設備を守っていれば、自然劣化は防ぐことができる。

☐☐ **47** 時間基準保全（TBM）では、設備診断技術によって設備の劣化状態を定量的に予知・予測し、事前に措置を計画・実施する。

☐☐ **48** 設備を正しく使用していても、時間とともに物理的に変動し、初期の性能が低下してしまうことを自然劣化という。

☐☐ **49** 設備総合効率は、時間稼動率、速度稼動率、良品率を掛け合わせて求められる。

☐☐ **50** 型・治工具ロスとは、金型や治具、工具の寿命破損によるロスのことで、それに伴う切削油などの副資材のロスは別のロスに含まれる。

1 × A に入る語句は、「MTTF」である。

2 × バスタブ曲線は、大きく、初期故障期、偶発故障期、摩耗故障期に分けられる。

3 × 段取り替えに伴う時間は設備の効率化を阻害する7大ロスに含まれる。したがって、その時間をいかに短縮するかが課題である。

4 ○ 予防保全とは、設備が故障する前に未然に保全することであり、題意は予防保全といえる。

5 ○ 良品率とは、加工または投入した数量（原料・材料など）に対して、実際にできあがった良品数量との差であり、手直し品も不良としてカウントする。

6 ○ 保全度とは保全のしやすさを量的に表すもので、修理可能なシステムや設備の保全を行うとき、要求された期間内に終了する確率のことである。

7 ○ 生産活動においては、インプットを最小にアウトプットを最大にすることが目標となる。

8 × 故障間隔がバラつく最大の要因は、強制劣化である。したがって、いかに自然劣化の状態にもっていくことが必要である。

9 ○ プラント総合効率を算出する際の暦時間には、シャットダウン（SD）や生産調整の休止ロス時間が含まれる。暦時間とは、1年であれば24時間×365日、1ヵ月であれば24時間×30日とする。

10 ○ たとえば蛍光灯などの場合、予防保全よりも、切れたあとで処置をする事後保全を適用する。

11 × 不良品の手直しは余分な作業であり、不良・手直しロスである。

12 ○ 題意の3つの要素の不備が、強制劣化発生のもっとも大きな要因となっている。これらの整備は、強制劣化を防ぐための最低条件でもある。

13 × A に入る語句は「潜在欠陥」である。

14 × 稼動時間と正味稼動時間の差は、チョコ停・空転ロスと速度低下ロスによる性能ロスである。

15 〇 題意のとおりで、設備診断技術によって設備の構成部品の劣化状態を定量的に傾向把握し、その部品の劣化特性、稼動状況をもとに、劣化の進行を定量的に予知・予測して、補修や取替えを計画・実施する保全方式である。

16 ✕ 故障ロスは、設備効率化を阻害する7大ロスの1つである。

17 ✕ 全員参加とは、生産部門をはじめ、開発、営業、管理などあらゆる階層で、トップから第一線のオペレーターに至るまでラインもスタッフもすべてが参加して活動することである。オペレーターの自主保全活動だけではない。

18 〇 題意のとおりで、平均アベイラビリティは、動作可能時間／（動作可能時間＋動作不可能時間）で表される。

19 〇 正味稼動率とは、単位時間内において一定スピードで稼動しているかどうかを浮き彫りにするもので、これが低い場合はチョコ停・空転ロスが影響している。

20 〇 予防保全によって設備の故障を未然防止し、設備の寿命延長を図る。

21 ✕ この場合は、速度低下ロスという。

22 〇 定期保全・予知保全・改良保全などのように、高度な技術・技能が要求される分野に力を注ぐことが求められている。

23 〇 自然劣化とは、正しい使い方をしていても物理的に劣化が進行するもので、強制劣化に比べて劣化の進行は遅い。

24 ✕ 開発から廃棄までのトータルコストのことである。

25 〇 題意のとおりで、過去の故障実績や整備工事実績を参考にして、保全の周期を決める。

26 ✕ 人の効率化を阻害する5大ロスの5番目は、停滞ロスではなく、測定調整ロスの5つである。

27 〇 題意のとおりで、現状のプラントが、時間的、性能的、品質的に見てどのような状態にあるのか、付加価値を生み出すためにどれだけ活用されているかを総合的に判断するための指標である。

28 〇 題意のとおりで、故障のメカニズムによって発生した故障状態の分類を故障モードという。ちなみに、故障モードとは、故障のメカニズムによって発生した故障状態の分類である。

29 × 題意は品質保全のことであり、工程で品質をつくり込み、設備で品質をつくり込み、品質不良を予防する原因系の条件管理の活動が品質保全である。

30 ○ MTBFとは平均故障間動作時間といい、ある期間中の総動作時間を故障停止回数で割った値で表す。

31 ○ 題意のとおりで、生産保全には、これら4つの方式があり、設備の生産性を高めるためのもっとも経済的な保全のことである。

32 × 多工程持ち・多台持ちで発生する手空きロスや、コンベヤ作業で発生するラインバランスロスは編成ロスである。

33 × 保全の3要素とは、劣化を防ぐ、劣化を測定する、劣化を復元することである。

34 × 題意のように、設備に対して正しい使い方をし、基本条件を遵守しても機能が低下してしまうことを自然劣化という。

35 × 設備の使用条件を正しく守り、決められたとおりにメンテナンスしていても起こる劣化を自然劣化という。

36 ○ 題意のとおり、自主保全活動をとおして、「自分の設備は自分で守る」ことができるオペレーターになることである。

37 ○ 題意のとおりである。性能稼動率は速度稼動率と正味稼動率からなり、チョコ停によるロスは正味稼動率に現れる。

38 × 事後保全とは、設備装置などが機能低下もしくは機能停止した後に保全作業を行うものである。

39 × シャットダウンロスは操業度を阻害する計画休止上のロスである。

40 ○ 立上がりロスは設備の効率化を阻害する7大ロスの1つである。この7大ロスをはじめ、生産活動を阻害する16大ロスを理解しておこう。

41 × 段取り・調整作業など、人のスキル差によって発生するロスは、動作ロスのひとつである。

42 × 運転部門は点検や給油がしにくいなどの運転上の不具合に関しては保全部門と協力して改良し、構造変更をともなうような大がかりな改良については保全部門が中心となって行う。改良保全は決して保全部門だけが行うものではない。

43 × 故障度数率は、停止回数の合計÷負荷時間の合計で算出する。

44 ◯ 題意のとおり。予防保全には、定期保全や予知保全の保全方式が含まれる。

45 ◯ 歩留まりロスとは、投入材料（重量）と良品重量の差である。不良はもちろんのこと、カット、目減り、安定加工までの試し加工などで、すべてが良品になるわけではない。

46 ✕ 設備を正しく使用していても、時間とともに物理的に変化し、初期の性能が低下してしまうのが自然劣化であり、自主保全活動により自然劣化のスピードを遅くできる。

47 ✕ 設備診断技術によって設備の劣化状態を定量的に予知・予測し、事前に措置を計画・実施する保全方式は状態基準保全（CBM）である。

48 ◯ 題意のとおりである。強制劣化から自然劣化の状態にして、劣化のスピードを抑えることが重要である。

49 ✕ 設備総合効率は、時間稼動率、性能稼動率、良品率を掛け合わせて求められる。

50 ✕ 型・治工具ロスには、切削油、研削油など副資材のロスも含まれる。

2. 生産効率化とロスの構造

2級

1級

1級

次の文章の内容が正しければ○、間違っていれば×で答えよ。

1 部品や製品の供給・払出し・運搬などの物流に関わる自動化を行わないために生じる物流ロスも、自動化置換ロスに含まれる。

2 保全予防の究極の目的は、メンテナンス・フリーの設備づくりを目指すことである。

3 人の5大ロスを判定する指標として、総合能率がある。

4 MTTRとは修理にかかった時間の平均値で、保全のしやすさを表す1つの指標である。

5 バスタブ曲線で偶発故障期は、疲労、摩耗、老化現象などによって、時間の経過とともに故障率が大きくなる時期のことである。

6 PAS1918は、TPMに関する国際規格である。

7 技能が不足しているために見逃してしまう欠陥を「心理的潜在欠陥」という。

8 強制劣化は自然劣化よりも劣化の進行が速い。

9 MP情報とは、故障しない、保全しやすい、安全で使いやすい、不良を発生させないなど、設備を新設・改造する場合に必要とされる情報をいう。

10 時間稼動率は、稼動時間を負荷時間で割って表す。

11 設備の始業点検で劣化部品を見つけたので交換した。これは予防保全である。

12 設備の強制劣化は、汚れの放置、油切れ、保全作業ミスなど人の行動が原因となって起きることが多い。

13 歩留まりロスとは、投入材料(重量)と良品重量の差で、不良によるロス、カットロス、目減りロス、立上がりロスなどをいう。

14 設備のライフサイクルコスト（LCC）には、設備導入、操業から廃却までのコストが含まれる。

15 プラントの8大ロスのうち、プロセス故障ロスは、ポンプ故障やモーターの損傷などによってプラントが停止するロスをいう。

16 予知保全は、設備あるいはその構成部位について、定期的または常時観察して測定値の変化の有無を追跡し傾向的な変化が現れるかどうかにより、設備の異常を判定する。

17 バスタブ曲線において、Aに入るのは「散発故障期」、Bに入るのは「終末故障期」である。

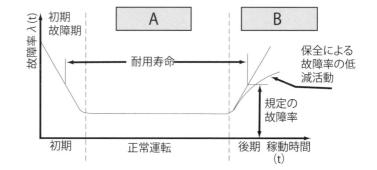

18 故障メカニズムの代表的なものに、断線、短絡、折損、摩耗、変形などがある。

19 保全性を定量的に表す下記の式のAに入る語句は「MTBF」である。

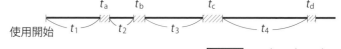

t_a、t_b、t_c、t_d：故障時間（修復時間）
t_1、t_2、t_3、t_4：動作時間

$$A = \frac{t_a + t_b + t_c + t_d}{4}$$

20 改良保全で得た情報をMP情報として生産技術部門にフィードバックしたので、ワンポイントレッスンを作成した。

21 故障などの停止ロスは、性能稼動率に影響する。

22 原単位の効率化を阻害する3大ロスで、原単位とはエネルギー、歩留まり、型・治工具である。

23 ポンプ・配管類の微少リークによる出力低下などは、機能低下型故障である。

24 故障度数率は、停止回数の合計／負荷時間の合計×100で表す。

25 設備総合効率を算出したときの数値として、性能稼動率が50%と低かったので、チョコ停ロスの対策を行うことにした。

26 寿命特性曲線（バスタブ曲線）における偶発故障期間では、故障率はほぼ一定である。

27 下図の保全方式を決めるフローにおいて、Aには「BM(Brakedown Maintenance) 事後保全」が入る。

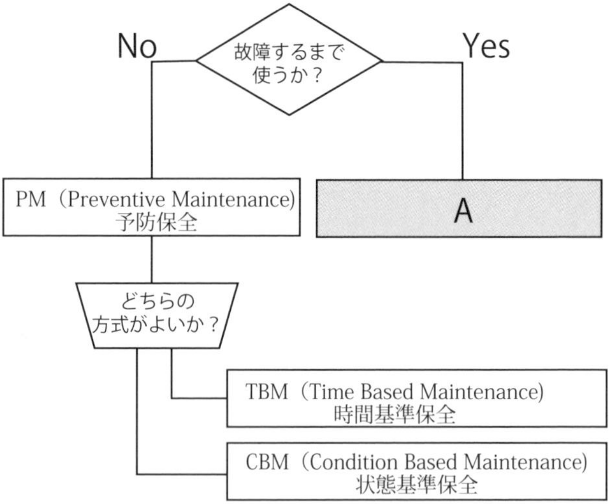

No ← 故障するまで 使うか？ → Yes

PM（Preventive Maintenance） 予防保全

A

どちらの 方式がよいか？

TBM（Time Based Maintenance） 時間基準保全

CBM（Condition Based Maintenance） 状態基準保全

28 朝の生産立上がり時に行う暖機運転は立上がりロスである。

29 故障モードとして、チョコ停がある。

30 設備の負荷時間が200時間、故障停止回数が12回、故障停止時間の合計20時間の場合、故障度数率は10%である。

31 設備は動いていても、つくられる製品のすべてが不良になってしまう故障は、機能停止型故障である。

32 エネルギーロスとは、投入エネルギー（電気・ガス・燃料油など）に対して、加工に有効に使用されないエネルギーをいう。

33 設備総合効率において、性能稼働率を求めるときの速度稼働率の基準サイクルタイムは、ラインの最高スピードと最低スピードの平均値を使う。

34 清掃・給油・増締めを確実に行い、維持管理を徹底すれば、自然劣化は防ぐことができる。

35 LCC（ライフサイクルコスト）とは、製品や設備（システム）の一生涯の中でかかる総コストをいう。

36 「劣化を防ぐ」活動として重要な基本条件の整備に、清掃は含まれていない。

37 予防保全には、「劣化を防ぐ活動」「劣化を測定する活動」「劣化を回復する活動」の３つがある。

38 給油個所に決められた油を適正な量・周期で行っていても、物理的に劣化が進行する場合を強制劣化という。

39 プラント総合効率を算出する際に使用する暦時間とは、土日、祭日を除いた実際の稼働日数で計算する。

40 MTBFとは、修理できる設備において、故障から次の故障までの動作時間の平均値をいう。

41 設備総合効率の算出に必要な負荷時間は、操業時間から計画的な休止時間や段取り時間を差し引いた時間である。

42 人の効率を阻害するロスのうち編成ロスとは、材料待ち・指示待ちなどの管理上発生するロスをいう。

43 自主保全活動において、製造部門が中心となって担うべきなのは「劣化を測る活動」である。

44 計画的事後保全とは、設備の機能が失われてから、もしくは低下してから補修や交換しても影響が小さく、経済的にも有利な場合に採用する保全方式である。

| | | **45** | 元の正しい状態に戻すことを改良保全という。 |

| | | **46** | 平均故障間動作時間（MTBF）は、故障の回数が多いほど値が小さくなる。 |

| | | **47** | システムや設備の部分的な機能低下によってさまざまな損失を発生させる故障を機能低下型故障という。 |

| | | **48** | 保全予防は、新設備の導入段階で、MP情報や新技術を取り入れて、信頼性、保全性、経済性、安全性などを考慮して、保全費や劣化損失を少なくする活動である。 |

| | | **49** | MTTFとは、修理しない部品などの使用開始から故障するまでの動作時間の平均値である。 |

| | | **50** | 故障モードとは、設備などの潜在的もしくは顕在的な故障の原因、メカニズム、発生確率およびその影響を検討するための系統的な調査研究をいう。 |

2. 解答と解説　　1級 生産効率化とロスの構造

1 **○** 題意のとおり、自動化を行わないために生じる物流ロスも、自動化置換ロスに含まれる。

2 **○** 保全予防は、設備を新しく計画・設計する段階で、保全情報や新しい技術を取り入れて、信頼性、保全性、経済性、操作性、安全性などを考慮して、保全費や劣化損失を少なくする活動である。

3 **○** 題意のとおりで、設備に対し人の工数がどれだけ有効に使われたかを判定する指標である。

4 **○** 題意のとおり。MTTR（Mean Time To Repair）は、平均修復時間のことで、修理などの事後保全にかかった時間の平均値で、保全のしやすさを量的に表したものである。
MTTR ＝故障停止時間の合計／故障停止回数の合計

5 **×** 題意は、摩耗故障期のことである。偶発故障期は、初期故障期と偶発故障期の間にあり、いつ故障が発生するか予測できないが、故障率がほぼ一定とみなすことができる時期のことである。

6 **○** 題意のとおりで、2022 年に PAS1918（正式名称：Total productive maintenance（TPM） — Implementing key performance indicators— Guide）が制定された。

7 **○** 心理的潜在欠陥には題意のほかに、目に見えるにもかかわらず無関心から見ようとしない欠陥などがある。

8 **○** 強制劣化とは、給油すべきところにしないなど当然やるべきことをやっていないために、人為的に劣化を促進させることで、劣化の進行は速くなる。

9 **○** 題意のとおりで、MP 情報はメンテナンスフリーをめざす際に有効である。

10 **○** 題意のとおりで、稼動時間は「負荷時間−停止時間」で表す。

$$時間稼動率 = \frac{負荷時間 - 停止時間}{負荷時間} = \frac{稼動時間}{負荷時間} \times 100 [\%]$$

11 **○** 故障に至る前に処置をしたので予防保全である。

12 **○** 題意のとおりで、強制劣化とは設備に対して当然やるべきことをやっていないために、人為的に劣化を促進させることをいい、人の行動が原因となって起きることが多い。

13 × 歩留まりロスとは原単位の効率化を阻害する3大ロスの1つである。立上がりロスは設備の効率化を阻害する7大ロスの1つである。

14 × 設備の開発・設計・導入・操業から廃却するまでの総コストが含まれる。

15 × プロセス故障ロスとは、工程内での取扱い物質の化学的・物理的な物性変化や、操作ミス、外乱などによってプラントが停止するロスをいう。題意は設備故障ロスである。

16 ○ 設備診断技術を応用して、定量的に傾向を把握して、劣化の状態を判定する。

17 × Aに入るのは「偶発故障期」、Bに入るのは「摩耗故障期」である。

18 × 断線、短絡、折損、摩耗、変形などは、故障モードの例である。

19 × 保全性の尺度である平均修復時間の式で、Aには「MTTR」が入る。

20 ○ 改良保全などで得られた情報は、サークル全員で共有して水平展開するために、ワンポイントレッスンにするとよい。

21 × 故障などの停止ロスは、時間稼動率に影響してくる。性能稼動率に影響してくるのは、速度低下やチョコ停などである。

22 ○ 題意のとおりで、それぞれエネルギーロス、歩留まりロス、型・治工具ロスとして削減をねらう。

23 ○ 題意のように、機能レベルが低下する故障を機能低下型故障といい、システムや設備の機能が停止する故障を機能停止型故障という。

24 ○ 題意のとおりで、負荷時間あたりの故障発生割合を表している。

25 ○ 性能稼動率は速度稼動率と正味稼動率の積で表される。正味稼動率は単位時間内に一定のスピードで稼動しているかどうかをみるものであり、これが低ければチョコ停によるロスや、小トラブルによるロスが算出されるのでその対策を行う。

26 ○ バスタブ曲線では、偶発故障期間は故障率がほぼ一定だとされる。

27 ○ 題意のとおり、設備装置・機器が性能低下、もしくは機能停止（故障停止）してから補修や取替えを実施する保全方式である。

28 ○ 立上がりロスとは、品質が安定し良品を生産できるまでの間に発生するロスである。題意の暖気運転や調整などに要する時間的ロスと、その間に発生する不良などの物量ロスがある。

29 × 故障モードとは故障状態の分類をいい、たとえば断線、短絡、折損、摩耗、腐食などであり、チョコ停とは異なる。

30 × 故障度数率＝（12／200）X100＝6％である。

31 ○ 機能停止型故障には、全機能が停止する故障と、設備は動いていても、つくられる製品すべてが不良になってしまう故障の2つのタイプがある。

32 ○ 題意のとおりで、温度が安定するまでの立ち上がりロス、加工中の放熱ロス・空運転ロスなどがある。

33 × 速度稼働率の基準サイクルタイムは、ラインの最高スピードの値を使う。

34 × 自然劣化は設備を正しく運転していても時間とともに物理的に変動し、初期の性能が低下してしまうことで、どのような手段をもってしても防ぐことはできない。

35 ○ 題意のとおりで、総コストを最小にする活動をライフサイクルコスティングという。

36 × 基本条件とは清掃・給油・増締めをいい、劣化を防ぐ活動として基本的なものである。

37 ○ 題意のとおりで、例として、劣化を防ぐ活動：日常保全、劣化を測定する活動：定期検査、劣化を回復する活動：補修・整備などがある。

38 × 題意のような場合を自然劣化という。

39 × 暦時間は、1年であれば24時間×365日、1ヵ月であれば24時間×30日を表す。

40 ○ MTBF（平均故障間動作時間）＝動作時間の合計／故障停止回数の合計で表される。

41 × 負荷時間とは1日（または月間）の操業時間から、生産計画上の休止時間、朝礼などの休止時間を差し引いた時間である。

42 × 題意は管理ロスの説明であり、編成ロスとは、多工程持ち、多台持ちなどによる手空きロスなどをいう。

43 × 製造部門の活動の中心は、正しい操作、給油、増締めなどの「劣化を防ぐ活動」である。「劣化を測る活動」として日常点検は製造が担うが、定期点検・傾向検査・予知保全などは、主に専門保全が担当する。

44 ○ 題意のとおりで、電球の取替えなどがこれにあたる。

45 ✕ 元の正しい状態に戻すことを復元という。改良保全とは、設備の弱点を体質改善して、劣化・故障を減らし、保全不要の設備を目指す保全方法である。

46 ○ 題意のとおりである。MTBF（平均故障間動作時間）は、動作時間の合計を故障停止回数の合計で割った値である。

47 ○ 題意のとおりで、全機能の停止には至らないが、不良・歩留まり低下・速度低下・空転・チョコ停など、さまざまな損失を発生させる。

48 ○ 保全予防は、新設備の計画・設計の段階で、MP情報や新技術を取り入れて、信頼性、保全性、経済性、操作性、安全性などを考慮して、保全費や劣化損失を少なくする活動である。

49 ○ MTTFとは平均故障寿命のことであり、題意のとおり、修理しない部品などの使用開始から故障するまでの動作時間の平均値のことである。

50 ✕ 題意は故障解析の説明である。故障モードとは、断線、短絡、折損、変形、クラック、摩耗、腐食など故障のメカニズムによって発生した故障状態の分類をいう。

3. 設備の日常保全 （自主保全活動）

2級

次の文章の内容が正しければ○、間違っていれば×で答えよ。

チェック欄

1回目 2回目

□ □　**1**　下図の自主保全ステップ方式の考え方において、A には「基準が変わる」が入る。

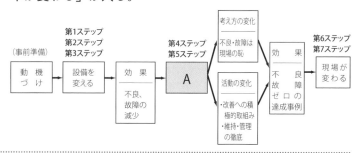

□ □　**2**　エフは目で見てわかる設備表面の不具合に付けるもので、カバーの中や運転中の不具合には付けない。

□ □　**3**　ミーティングを実施したら、必ずミーティングレポートを作成する。

□ □　**4**　ワンポイントレッスンは、使用の目的により、「基礎知識」「5S」「改善事例」に大別される。

□ □　**5**　初期清掃は、5S活動のことである。

□ □　**6**　第4ステップ「総点検」のオペレーター教育は、専門の保全スタッフが直接行う。

□ □　**7**　ステップ診断は、課長診断かトップ診断のいずれかに合格すれば次のステップに進んでよい。

□ □　**8**　活動板はサークル活動の進捗や成果を掲示するものであり、サークルの悩みや問題点などは掲示しない。

☐☐ **9** 白エフとは、自サークルでは処置できず、他部署に依頼するエフのことである。

☐☐ **10** 自主保全活動の第5ステップの自主点検においてまとめた自主保全基準は、いわゆる本基準書になるので、見直しはしない。

☐☐ **11** 点検時間の短縮も、自主保全第2ステップ（発生源・困難個所対策）のねらいの1つである。

☐☐ **12** 職制モデルの活動は、TPMがキックオフして現場が第1ステップの活動をスタートすると同時に、工場長、部課長、スタッフなどがモデル設備を選んで実践する。

☐☐ **13** 他のサークル活動板の良いところをまねることは、自主性に反することなので行ってはならない。

☐☐ **14** エフがつけられない環境でエフ付けをする場合は、デジタルカメラで撮影してそこに不具合を記入してもよい。

☐☐ **15** 自主保全活動における設備の基本条件とは、清掃・給油・増締めの3つである。

☐☐ **16** 自主保全仮基準の各作業に要する時間は、サークルが活動で体験した時間を設定する。

☐☐ **17** 発生源を断つことができないのであれば、清掃しやすいように改善する。

☐☐ **18** 自主保全第1ステップ（初期清掃）は、製造部門のオペレーターと管理者が行うもので、生産技術や品質保証部門は参加しない。

☐☐ **19** オペレーターに必要な4つの要件とは、異常発見能力、処置・回復能力、条件設定能力、維持管理能力である。

☐☐ **20** ミーティングでは、ワンポイントレッスンなどの伝達教育は行わない。

☐☐ **21** 自主保全第1ステップ（初期清掃）の活動に入る前に、自主保全の目的の理解や全員参加の環境整備を目的としたゼロステップの活動が必要である。

☐☐ **22** 自主保全第2ステップ（発生源・困難個所対策）の困難個所とは、主として清掃・点検・給油に手間のかかる個所をいう。

3. 設備の日常保全（自主保全活動）

2 級

1 級

23 　自主保全第3ステップ（自主保全仮基準の作成）で清掃などの活動が目標時間内でできなければ、サークルは活動時間を延長して行う。

24 　職制モデル機を選定するときには、新しくてきれいな設備を選ぶ。

25 　活動板を設置する場所がなかったので、ミーティングなど必要なときだけ、進捗状況や成果などのデータを紙に印刷して見ている。

26 　エフ付けをしたら、必ず不具合リストに記入して管理する。

27 　「これくらいは大丈夫だろう」と思いがちな小さな欠陥を微欠陥という。

28 　自主保全第5ステップ（自主点検）では、自主保全基準書（本基準書）をまとめあげる。

29 　自主保全サークルの個別改善は、自主保全活動の第2〜3ステップから取り組むとよい。

30 　活動板の効果の1つとして、他のサークルメンバーでも、活動板を見ればそのサークルの活動状況を知ることができることがあげられる。

31 　エフ付けを行うことにより、不具合を見る目を養うことができる。

32 　自主保全第1ステップ（初期清掃）の目的は、設備や職場をきれいにすることである。

33 　設備の微欠陥を発見するには、設備の隅々まで手で触れて、目で見て、五感を伸ばすことが求められる。

34 　重複小集団活動ではトップダウンの意思系統がとれず、第一線の集団まで活動の意義が徹底されない。

35 　ワンポイントレッスンは教育のツールであるから、有効に活用するためにはまとまった時間をとることが必要である。

36 　不具合を見つけたが、すぐに処置できたのでエフはつけなかった。

37 　自主保全第7ステップ（自主管理の徹底）の活動のねらいは、職場の目標を達成し、維持と改善の活動を自主的に進めることができる職場をつくることである。

☐☐ **38** 発生源対策での局所カバーは、飛散防止のためにできるだけ大きいものを使用する。

☐☐ **39** 改善活動をする際、復元をせずにすぐに改善をすることもある。

☐☐ **40** 危険箇所の摘出のためには、エフ付け、エフ取りの活動は適していない。

☐☐ **41** サークルでワンポイントレッスンによる教育を行う場合、発表者はリーダーが務める。

☐☐ **42** 自主保全活動の導入時、製造部門に関連する各部門の管理者がミーティングを重ね、援助・協力の内容を決める。

☐☐ **43** 局所カバーは、サークルが作成すると時間もかかるし見栄えもよくないので、専門の業者に任せる。

☐☐ **44** 自主保全仮基準書は、保全部門がつくる。

☐☐ **45** エフ付け・エフ取りの活動は、不具合顕在化のツールとして、自主保全活動の全ステップで使われる。

☐☐ **46** 自主保全第1ステップ（初期清掃）を行うことによって、故障を減らすことはできても、品質不良を減らすことはできない。

☐☐ **47** 自主保全第7ステップ「自主管理」には、第1～第6ステップまでのすべての活動が入っている。

☐☐ **48** 自主保全第2ステップ（発生源・困難個所対策）のねらいの1つに、不要品の撤去がある。

☐☐ **49** 設備に直接エフが付けられない場合は、後で不具合の位置がわかるようにマップをつくるとよい。

☐☐ **50** ワンポイントレッスンは、使用目的により「基礎知識」「トラブル事例」「改善事例」の3つに大別される。

3. 解答と解説　　2級 設備の日常保全（自主保全活動）

1　✕　Aに入るのは「人が変わる」である。

2　✕　不具合は表面の目に見えるものだけにあるのではない。カバーの中、運転中の異音や振動、また不安全な行動、ムダな動作なども不具合であり、それらのすべてを対象にする。

3　◯　題意のとおりであり、上司にコメントをもらうようにする。

4　✕　ワンポイントレッスンは、使用の目的により、「基礎知識」「トラブル事例」「改善事例」に大別される。

5　✕　初期清掃は「清掃点検」ともいい、清掃しながら設備の隅々にまで手で触れ、目で見て、潜在欠陥、振動などの異常を見つけることであり、単に清掃することではない。

6　✕　サークルリーダーが保全スタッフから教育を受け、それをサークルの場へ持ち帰って自ら先生となり、習ったことを伝達するという教育方法で行う。

7　✕　ステップ診断は、自己診断、課長診断、トップ診断の順に合格したら次のステップに進む方式で行われる。

8　✕　活動板はサークルの活動の進捗状況や成果だけでなく、「どのような問題を抱えているのか」「それをどう解決していこうとしているのか」といったことを明確にするための道具でもある。

9　✕　白エフとは、自サークルで処置ができる不具合に付けるものである。

10　✕　設備を対象とした自主保全活動は、第5ステップの自主点検で完成しますが、その後は、日常業務をとおして、必要なときは基準書の内容を見直していく。

11　◯　設備の裏側にある計器を表面の見やすいところに移すなどの改善によって点検時間を短縮するなどは、困難個所対策である。

12　✕　職制モデルの活動は、TPMキックオフ前の準備ステップとして行う。

13　✕　活動板は各サークルの活動を誰でも見えるところに設置されており、他サークルの良いところは自サークルに流用する。

14　◯　デジタルカメラを使用するエフ付けをデジタルエフという。

15 ○ 題意のとおりで、故障は劣化とともに起こるが、これは基本条件の3要素が整っていないために発生しているケースが非常に多い。

16 × 時間設定は、管理者がモデル活動などで得た体験から妥当と考える範囲を明示する。清掃や給油などサークルでつくった基準が時間目標に達しなければ、改善に取り組まなければならない。

17 ○ 題意のとおりで、発生源が断てないのであれば、短時間で手間をかけず清掃できるような改善をする。

18 × 初期清掃は製造部門のオペレーター、管理者のみならず、これを支援する生産技術や品質保証部門の全員が体験する。

19 ○ 題意のとおりで、これらの能力を持った人こそが「不良が出そうだ」「故障しそうだ」という原因系の異常を発見でき、未然に防ぐことができる「真に設備に強いオペレーター」といえる。

20 × ミーティングでは、活動内容や予定の確認と共有認識、反省などのほかに、ワンポイントレッスンによる伝達教育と訓練の場とすることが大切な役割である。

21 ○ 題意のとおりであり、自主保全活動にあたっての安全教育もこのゼロステップで行う。

22 ○ 困難個所とは、清掃・点検・給油を行ううえで、かがむ、登る、しゃがむ、カバーをあけるというように、作業がやりにくい個所をいう。

23 × 活動が時間内で終わらなければ、終わらせられるように、さらに改善に取り組むことが求められる。

24 × 職制モデル機は古く汚れの目立つ設備を選ぶとよい。汚れを清掃することで、清掃作業のポイント、清掃時間などを知ることができる。管理者自らが体験することで、サークルに現場・現物で指導しやすくなる。

25 × 活動板は自分たちのサークルだけでなく、誰もがいつでも見られる状態にあることが必要である。スペースがなければ、折りたたみ式やスライド式のものを工夫して、常時設置しておくことが大切である。

26 ○ 題意のとおりで、その際白エフか赤エフかというエフの区分も記入しておく。

27 ○ ゴミ、汚れ、摩耗、ガタ、ゆるみなどのように、軽微で見逃しがちな小さな欠陥を微欠陥という。

28 ○ 題意のとおりで、第4ステップで作成した総点検仮基準と、第3ステップで作成した清掃・給油基準などを統合して自主保全基準書（本基準書）にまとめあげる。

29 ○ 題意のとおり、第1ステップで清掃に苦労すればするほど、ゴミ・汚れの発生源に目が向くようになり、改善に取り組むステップとなる。

30 ○ 題意のとおりで、活動板は誰もがいつでも見られる所に設置し、他のサークルでも横展開するなどの活用法が望ましい。

31 ○ エフ付けは、不具合を不具合として見る目がなければ付けられない。エフ付けを通して不具合を見る目が養われる。

32 × 清掃とは、設備や職場をきれいにすることだけが目的ではない。清掃を通して不具合を見つけ、結果として職場がきれいになるということでなければならない。

33 ○ 題意のとおり、設備に手で触れ、目で見て、五感を磨くことにより、微欠陥の発見がしやすくなります。

34 × 重複組織はもっとも上の集団のメンバーがその下の集団のリーダーになっており、すべてのサークルが連結ピンで連結される。そこでトップダウンの意思系統がしっかり浸透できる。

35 × ワンポイントレッスンは伝達のツールであり、日常活動のちょっとした時間を利用してメンバーに伝達・教育できる利点がある。

36 × すぐに処置できたものに関しても、エフ付け・エフ取りをして不具合の履歴を残すようにする。

37 ○ 自主保全第7ステップ（自主管理の徹底）の活動のねらいは、職場に課せられた目標を達成し、維持と改善の活動を自主的に進めることができる職場を実現することである。

38 × カバーは「極小化」し、可能な限り発生源の近くで飛散をくい止める。

39 × 改善活動を行う際は、必ず復元をしてから改善を行うこと。

40 × 危険個所、不安全個所・行動はすべて不具合と見てエフを付け、対策をしたらエフを取るなど大いに活用するべきである。

41 × ワンポイントレッスンは日常の作業で経験した改善事例やトラブル事例を、リーダーに限らず経験した本人自身が行うことがポイントである。

42 ○ 題意のとおり、製造部門にどのような援助・協力をすべきか合意徹底を図ることが成功のポイントである。

43 × 局所カバーは、サークルが試行錯誤を繰り返しながら作成するのが基本である。段ボールから始め、ブリキ板などで形状、取付け位置などをいろいろ変えて実験を重ねて試作し、金属やアクリルなどの丈夫なもので自作する。

44 × 自主保全仮基準書は、オペレーターが第1、2ステップの活動を通して得た体験をもとに、オペレーター自らが作成する。

45 ○ エフ付け・エフ取りの活動は、不具合顕在化のツールとして、自主保全活動において永遠に継続する。

46 × 清掃することによって、ゴミ・汚れなど製品への直接混入や、異物付着による設備の誤動作による組付け不良、加工不良などの品質不良を防止することができる。

47 ○ 題意のとおりで、自主管理のレベルに到達した職場は、自主的に第1～7ステップの活動を維持・向上していく。

48 × 不要品の撤去は第1ステップの活動である。自主保全第2ステップ（発生源・困難個所対策）では、発生源や困難個所の対策を行うことにより、清掃時間、給油時間、点検時間の短縮をねらいとする。

49 ○ 題意のとおり。現場や設備のレイアウトなどとともにマップ化して、発生部位を特定した管理を進めていく。

50 ○ ワンポイントレッスンは、「学ぶだけでなく、学んだことを実践して体得する」ことが大切で、題意の3つを教育する目的により使い分ける。

1級

次の文章の内容が正しければ○、間違っていれば×で答えよ。

チェック欄

1回目 2回目

1 自主保全サークル活動を円滑に推進するための3種の神器とは、「活動板」「ワンポイントレッスン」「目で見る管理」である。

2 自主保全第1ステップ（初期清掃）の段階では、潜在する微欠陥の摘出はできない。

3 清掃の不備によるおこる設備の代表的な弊害として、故障、品質不良、強制劣化、速度ロスがある。

4 自主保全第3ステップでは、短時間で清掃・給油・増締め・点検を確実にできるような行動基準をつくる。

5 自主保全診断の目的は、サークル活動の進め方や現場の実態を診断して把握し、サークルを指導・援助していくことである。

6 自主保全第1ステップ（初期清掃）では、設備や装置のゴミ、汚れ、異物などを一斉排除し、故障の原因である潜在欠陥の顕在化と復元を行う。

7 発生源対策では、「発生源を絶つ」ことが難しければ、次に「清掃しやすくする」ことを考える。

8 自主保全活動の範囲に予知保全の活動も含めることにした。

9 設備がきれいな状態であれば自主保全第1ステップ（初期清掃）は省略し、自主保全第2ステップ（発生源・困難個所対策）に取り組んでもよい。

10 自主保全第4ステップ（総点検）では、第1～3ステップと同様に、五感による感覚的な不具合の摘出をさらに進めていく。

11 大型カバーから局所カバーに変更することによって自然劣化を防ぐ。

☐ ☐ **12** 自主保全第3ステップ（自主保全仮基準の作成）のねらいは、強制劣化を発生させない設備状態を、短時間で維持できるルールの定着を図ることにある。

☐ ☐ **13** 微欠陥とは「欠陥が見えるか見えないかという程度の不具合」であり、それらが複合することによって慢性ロスを引き起こすことが多い。

☐ ☐ **14** 目で見る管理として、給油ミスの防止のために、油種ごとに色別シールを貼り付けた。

☐ ☐ **15** 自主保全第4ステップ（総点検）教育により、従来保全部門が実施していた業務すべてを製造部門に移管することができる。

☐ ☐ **16** 整理、整頓、清掃は自主保全活動における設備の基本条件といわれ、故障ゼロに向けての重要な対策項目である。

☐ ☐ **17** 自主保全第4ステップ（総点検）の教育では、ワンポイントレッスンではなく、点検マニュアル、点検チェックシートを使用して行う。

☐ ☐ **18** 重複小集団活動では、全員参加の観点からサークルリーダーは持ち回りとする。

☐ ☐ **19** 自主保全活動の第7ステップ　自主管理の徹底において、自主保全活動の維持・向上は設備のみを対象として活動する。

☐ ☐ **20** 自主保全のステップ診断に使う診断シートは、自己診断、課長診断、トップ診断ごとに、目的に合わせて異なるフォーマットを使用する。

☐ ☐ **21** 基本条件の整備とは、清掃、給油、増締めの3要素を実施することである。

☐ ☐ **22** 微欠陥は、突発ロスを引き起こすことが多い。

☐ ☐ **23** リーダーは、ミーティングを通じて、小集団の指導の仕方・運営の仕方やリーダーのあり方を学ぶことができる。

☐ ☐ **24** 自主保全仮基準は、行動基準をオペレーター自ら作成するものである。

☐☐ **25** 総点検教育におけるスキルチェックとは、知識の確認ではなく、点検スキルの確認をするものである。

☐☐ **26** 自主保全第1ステップ（初期清掃）のねらいの1つに、不要品の撤去がある。

☐☐ **27** 仮基準を作成する際のポイントは、実施する人が守れる基準にすることである。

☐☐ **28** エフ付け、エフ取りの活動は、自主保全第1ステップ（初期清掃）だけでなく、不具合顕在化のツールとして継続する。

☐☐ **29** 目で見る管理は異常の発見には有効だが、点検時間の短縮には結び付かない。

☐☐ **30** 発生源対策の効果として、対策前と後の清掃時間の変化を指標とした。

☐☐ **31** 不具合を処置してエフを取ったが、再度不具合が発生したので、またエフを付けた。

☐☐ **32** 自主保全第1ステップ（初期清掃）の効果測定では、定量的な効果として、チョコ停の低減などに加えて改善件数の増加なども含まれる。

☐☐ **33** 自主保全活動の第5ステップの自主点検は、故障ゼロ、不良ゼロを目指す活動の総仕上げに位置づけられる活動である。

☐☐ **34** エフ付けで、設備の可動部分に直接付けることができない個所は、かならず保全部門に連絡する。

☐☐ **35** 目で見る管理は、設備の不具合を測ることにも活用できる。

☐☐ **36** 自主保全第1ステップ（初期清掃）の効果は、定量的に表すことができない。

☐☐ **37** 管理者は、職制モデルの展開を行うことにより、ステップ診断のスキルを習得することができる。

☐☐ **38** 職制モデル機を設定するときには、同じ仕様の設備が多数あるものを選ぶと効果的である。

☐☐ **39** サークル活動板のグラフは、管理者が日々のデータの推移を把握するため、管理者本人が記入・作成する。

3. 設備の日常保全（自主保全活動）

2 級

1 級

40 ☐ ☐ 設備の劣化や不具合などを発見したときには、良い改善案があっても、すぐに改善するのではなく、必ず元の状態に復元する。

41 ☐ ☐ 自主保全仮基準書を作成することによって、決められた時間内に清掃点検ができるように改善を進めることが重要である。

42 ☐ ☐ ワンポイントレッスンでは、1枚のシートに基礎知識、トラブル事例、改善事例の3項目を記載するとよい。

43 ☐ ☐ 自主保全活動を行う際の安全教育は、7ステップ展開の自主保全第1ステップ（初期清掃）で行う。

44 ☐ ☐ 自主保全第1ステップ（初期清掃）の効果測定では、「清掃を嫌がらなくなった」「清掃を大事に考えるようになった」ということも含まれる。

45 ☐ ☐ 自主保全活動の第6ステップ　標準化において、オペレーターの役割を設備周辺の関連作業にまで広げ、どんな作業をなぜやっているかを調べ、作業を分類して整理した。

46 ☐ ☐ オペレーターに求められる4つの能力のうち、維持管理能力とは、異常に対して正しい処置が迅速にできることである。

47 ☐ ☐ 自主保全第1ステップ（初期清掃）の診断で、課長診断では不合格だったが、トップ診断で合格したので第2ステップへ進んだ。

48 ☐ ☐ ワンポイントレッスンは、必ずQCストーリーで表現しなければならない。

49 ☐ ☐ 自主保全第1、2ステップでまとめる基準は「仮仮基準」ということがある。

50 ☐ ☐ 自主保全第5ステップ（自主点検）で、保全部門と製造部門それぞれの基準を付き合わせ、抜けや重複を修正し、分担を明確にした。

3. 解答と解説　1級 設備の日常保全（自主保全活動）

1　×　3種の神器とは、「活動板」「ワンポイントレッスン」「ミーティング」である。

2　×　「清掃は点検なり」のとおり、いままでゴミや汚れで見えなかった個所を徹底的に清掃することにより、隠れていた小さなキズや微欠陥が発見できる。

3　○　題意のとおり、清掃不備による設備への弊害の代表例として故障の原因、品質不良の原因、強制劣化の原因、速度ロスの原因がある。

4　○　基本条件のあるべき姿を明らかにして、これを維持するための行動基準（5W1H）をサークル自らが決める。

5　○　題意のとおりで、問題点の指摘をするだけや、単に合格・不合格を判定するのではなく、サークルのもつ悩みや問題点を明らかにし、指導・援助をしていくことが重要である。

6　○　題意のとおりで、清掃しながら設備に触れ、設備を見ることによってゴミ、汚れなどの微欠陥を発見し、排除する。

7　×　「清掃しやすくする」前に、たとえば局所カバーを設置するなどの「量・範囲を極小化する」ことを考える。

8　×　予知保全活動は、より高度な技術・技能が要求されるので、保全部門の活動である。

9　×　発生源・困難個所は第1ステップの活動を通じて発見、顕在化するものであり、省略してはならない。

10　×　自主保全第4ステップ（総点検）は、これまでよりさらに踏み込んで、自分たちの設備の機能・構造をよく理解して、設備に関する知識・理屈に裏付けられた日常点検ができるようになることを目的としている。

11　×　局所カバーは強制劣化を防ぐためのものである。

12　○　強制劣化を発生させない設備状態を、短時間で維持できるルールの定着を定着させるには、第1、第2ステップの活動から得られた体験にもとづいて、サークル自らが自主保全仮基準を作成する。

13　○　一般に微欠陥とは、ゴミ、汚れ、摩耗、ガタ、ゆるみ、漏れ、腐食、変形、きず、クラック、温度、振動、音などの異常である。

14 ○ 目で見る管理とは、ひと目で異常と正常を見分けることができることであり、色別シールはよいツールとなる。

15 × 自主保全第4ステップ（総点検）のねらいは、自分たちの設備の機能・構造を学び、理論・理屈に裏づけられた点検を行い、劣化・異常を発見して復元・改善できる「設備に強いオペレーター」になることである。保全部門の業務をすべて製造部門に移管することではない。

16 × 設備の基本条件とは、清掃、給油、増締めである。

17 × リーダーからオペレーターへの伝達教育には、ワンポイントレッスンを活用する。また、そのためには、保全部門が準備する教材もワンポイントレッスンの形式で作成するとよい。

18 × サークルリーダーは職制と一致させる。持ち回りではない。

19 × 自主保全活動の維持・向上は、設備の維持・向上（第1ステップから第5ステップの活動）と職場の維持・向上（第6ステップの活動）を継続することである。

20 × ステップ診断には共通のシートを使う。

21 ○ 題意のとおりで、この3要素に不備があると、故障や不良など設備ロス発生の、もっとも大きな要因の1つになる。

22 × 微欠陥は突発ロスよりも慢性ロスに影響する。1つの微欠陥がロスにつながることは少なくても、それらが複合することにより慢性ロスを引き起こすケースが多い。

23 ○ ミーティングでは、活動を前にしてやるべきことの確認と共有意識、OPLによる伝達教育、チームワークをつくり出すなどの活動を通じてリーダーのあり方を学ぶ。

24 ○ 自主保全仮基準書の作成では、基本条件の「あるべき姿」を明らかにして、これを維持するための行動基準（5W1H）をサークル自ら決めることをねらいとしている。

25 ○ サークル全員が、実際の設備を通して点検スキルを身につけることが大切である。

26 ○ 題意のとおりで、そのほかに、ゴミ・汚れなどによる強制劣化の防止、潜在微欠陥の摘出と復元、基本条件の整備などがある。

27 ◯ 守れない大きな理由は、守るべきことを決める人とそれを守る人が別人であることによる。したがって、守るべき本人が守るべき事柄を決めることが大切である。

28 ◯ エフ付けとは設備や人の行動の不具合に付けるもので、これは自主保全第1ステップ（初期清掃）に限ったものではなく、どの場面でもできる活動である。

29 × ゆるみ点検用の合いマーク、オイルの上下限の表示など、正常と異常をひと目で判断できる目で見る管理は、点検時間短縮に有効である。

30 ◯ 発生源対策の効果として、発生量を抑えることによる清掃時間の短縮、あるいは清掃周期の延長などがある。

31 ◯ エフが取れた個所で再度不具合が発生するのは、適切な処置をしていなかったからであり、不具合であるのでエフを付ける。

32 ◯ チョコ停や故障の低減などのアウトプット効果だけでなく、ゴミの除去量、自サークルで行った復元率、改善件数などのプロセス効果も定量的な効果である。

33 ◯ 題意のとおり、清掃・給油・点検の自主保全基準をまとめ、維持管理が確実にできるようにするステップである。

34 × 直接付けられない個所はマップなどを利用してわかるようにしておく。保全部門などに依頼するものは、自分たちで対応できる・対応できないで分類する。

35 ◯ 劣化を測る活動として、ボルト・ナットの合マーク、モーターなどの温度測定用サーモラベルによる日常点検がある。

36 × 自主保全第1ステップ（初期清掃）を行うことで現れる定量的な効果としては、ゴミの除去量、不具合の発見件数、改善件数、清掃時間や点検時間の短縮などがある。

37 ◯ 管理者は、職制モデルの展開を行うことにより、ステップ診断のスキルを習得し、診断では合否の判定だけでなく、サークル育成の場であることを認識することが重要である。

38 ◯ 同じ仕様の設備が多数あるものを選ぶと、水平展開の参考となり、効果を上げやすい。

39 × 活動板は活動を行ったサークル員自らが記入・作成する。

40 ○ 復元とは元の正しい姿に戻すことである。改善の前に、まず復元しなければならない。

41 ○ 清掃・給油作業に、無制限に時間をかけるわけにはいかないので、許される時間的制約を前提とする。

42 × ワンポイントレッスンは短時間で教える、学ぶことができるツールである。1枚のシートに1項目（ワンポイント）をわかりやすく図解したものが望ましい。教育目的によって、「基礎知識」「トラブル事例」「改善事例」に大別される。

43 × 自主保全第1ステップ（初期清掃）を行うにあたり、ケガなどの発生を考え、7ステップ展開の事前のゼロステップで安全教育の徹底を図る必要がある。

44 ○ 題意のとおりで、このような効果を定性効果という。

45 ○ 題意のとおり、オペレーターが実施している関連作業を調べ分類して、作業標準類などがあるかを調査して、これを整備することが必要である。

46 × 題意は処置・回復能力の解説である。維持管理能力とは、決められたルールをきちんと守れることである。

47 × 自主保全のステップ診断は、自己診断、課長診断、トップ診断の順に行い、それぞれの診断に合格して次のステップへ進む。したがって、課長診断で不合格となった場合は、トップ診断を受けることはできない。

48 × ワンポイントレッスンは、短時間に要領よく教育できるようポイントを絞って表現するもので、QCストーリーとは関係ない。

49 ○ 題意のとおりで、自主保全第3ステップ（自主保全仮基準の作成）の仮基準作成の準備としてまとめる基準なので、「仮仮基準」と呼ばれる。

50 ○ 第5ステップでは4ステップまでの活動を踏まえ、保全・製造の両者で基準を突き合わせ、抜けや重複を修正し、分担を明確にする。

4. 改善・解析の知識

2級

次の文章の内容が正しければ○、間違っていれば×で答えよ。

チェック欄

1回目 2回目

1 下図は、帯グラフである。

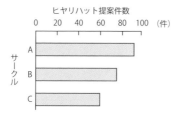

2 PM分析では、現象の物理的解析により、成立する条件をすべてリストアップする。

3 IEの目的として、コスト削減は含まれていない。

4 度数分布表はヒストグラムを作成するときのデータとなる。

5 複雑で慢性化したロスの原因を追究するには、ECRSよりもPM分析のほうが適している。

6 下図において、Aに入るのは「結果系」、Bに入るのは「原因系」である。

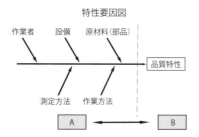

7 ムリ・ムダ・ムラの改善はIEの動作研究の対象である。

8 FMEA は、原因が複数あるような慢性故障の解析に適している。

9 PM 分析は、慢性的な不具合よりも、突発的に発生する不良対策に効果的である。

10 下図の散布図の負相関において、A には「増加」、B には「増加」が入る。

xが ［ A ］ すれば

yは ［ B ］ する（負相関）

11 段取りでは、外段取りの比率が高いほど、段取り時間は短くなる。

12 動作経済の原則のねらいは、ひと言でいうと「早く」である。

13 正規分布の分布曲線はベル型をしており、中心線の左右は対象になっている。

14 QC ストーリーは、問題解決のもっとも基本的な手順を示したものである。

15 改善の 4 原則 ECRS は、E → C → R → S の順番で行うと効率的である。

16 生産活動における 4M とは、人、設備、材料、方法のことをいう。

17 特性要因図は別名、故障の木解析図とも呼ばれている。

18 調整とは、誰でもできるように作業の単純化・簡易化を図ることである。

19 ラインバランス分析は、作業工程間のバランスの良否を、編成効率により数値で判断できる分析手法である。

□□ **20** 一般的に工程能力指数（Cp）が 1.0 であれば、その生産工程の工程能力は十分と判断できる。

□□ **21** 段取り替えの作業には、前の製品の生産終了時から、つぎの製品が完全に良品が生産できるまでの一連の作業が含まれる。

□□ **22** 動作研究において、付随作業とは価値を高めない作業のことである。

□□ **23** 慢性ロスの要因は、突発ロスより特定しやすい。

□□ **24** パレート図の縦軸は、棒グラフの目盛りと、折れ線グラフの目盛りで構成される。

□□ **25** なぜなぜ分析で出てきたすべての「なぜ」を裏返して対策を立てると効果的である。

□□ **26** 動作経済の原則の共通のねらいは「ラクに」である。

□□ **27** PM 分析は、対策の立案までは行わない。

□□ **28** 故障・チョコ停、不良などのロスの発生形態には、突発ロスと慢性ロスがある。

□□ **29** 折れ線グラフは、収集したデータを、それぞれの目的にしたがって分類し、各分類項目がどれだけの割合になっているか、構成割合を比較するときに使用する。

□□ **30** なぜなぜ分析では、最後の「なぜ」から現象までが正しいかどうかをさかのぼって見直すことが大切である。

4. 改善・解析の知識

2級

1級

1 × ヨコ型で表したヨコ棒グラフである。

2 ○ 思いつきの要因をリストアップしても効果は上がらない。成立する条件をすべてリストアップすることで、微細な不具合モードを発見できる。

3 × IEの目的は、作業のムリ、ムダ、ムラをなくし、Q（品質）、C（コスト）、D（納期）の向上・削減をめざす手法の体系である。

4 ○ 度数分布表は、ある品質特定に対するバラツキの状況や、規格との関連を調査するためのもので、ヒストグラムを作成するときのデータとなる。

5 ○ PM分析は、不具合の現れ方を物理的解析によってとらえ、これによる成立する条件をすべてリストアップするので、微細な不具合モードの発見が可能となる分析手法であり、考え方である。

6 × Aに入るのは「原因系」、Bに入るのは「結果系」である。

7 ○ IEとは仕事をラクに、早く、安くするための技術であり、徹底したムリ・ムダ・ムラの排除がテーマとなる。

8 × FMEAは単一の故障解析に適する。

9 × PM分析は不良の要因を原理・原則に従って物理的に解析する手法で、慢性不良対策に適用する。

10 × Aには「増加」、Bには「減少」が入る。

11 ○ 内段取りとは設備を止めて行う作業、外段取りとは生産中に設備から離れて行う作業のことで、外段取りの比率が高いほど段取り時間は短くなる。

12 × 動作経済の原則の構成要素である動作方法の原則、作業場所の原則、治工具および機械の原則ともに、ねらいとなるのは「ラクに」である。

13 ○ 題意のとおりであり、計量値の中でもっとも代表的な分布である。

14 ○ 題意のとおりで、ステップ展開によって構成される。

15 ○ 題意のとおりである。すなわち、最初に不必要なものを排除（E）し、複数の作業を結合して（C）、さらに順番を入れ替えて（R）、最後に簡素化（S）するという改善のプロセスである。

16 ○ 題意のとおりで、生産活動においてはこの4つのMに層別し管理する。

17 × 特性要因図は品質特性（結果）に対して、その原因となる要因はどのようなものであるかを体系的に明確化しようとするもので、「魚の骨の図」とも呼ばれる。

18 × 作業の単純化・簡易化を図ることは調節という。調整とはそれまでの経験や判断によって、設備や治工具などの精度を調整する場合などである。

19 ○ 題意のとおりで、編成効率は90％以上を目標にして、各工程の作業時間をできるだけ等しくすることが肝要である。

20 × 一般的に工程能力指数（Cp）が1.33以上であれば工程能力は十分とされ、1.0以下の場合は工程能力不足とされる。

21 ○ 段取り替えの作業には、前の製品の生産終了時の治工具類の取外し→後片付け→清掃（洗浄）→次の製品に必要な治工具類・金型の準備→取付け→調整→測定といった、完全に良品が生産できるまでの一連の作業が含まれる。

22 ○ 題意のとおりで、価値を高めず、現在の作業条件のもとでは省けないが、やり方や工具・組付け部品の供給位置を変更改善すればムダや労力が軽減できる作業のことである。

23 × 慢性ロスは複数の要因が複雑に関係し合って発生するので、要因は特定しにくい。

24 ○ 題意のとおり、データの目盛りと、データの累積比率の目盛りで構成されている。

25 × なぜなぜ分析では、最後の「なぜ」を裏返して的確な対策を立てる。

26 ○ 題意のとおりで、動作は① 動作方法の原則、② 作業場所の原則、③ 治工具および機械の原則の3つに従った作業がもっとも経済的である」とされている。

27 × 改善案の立案までがPM分析のステップである。

28 ○ 故障・チョコ停、不良などのロスの発生形態には、突発ロスと慢性ロスがある。突発ロスは1つの原因が影響している場合が多く、慢性ロスは原因が1つという場合が少ない。

29 × 題意は、円グラフの説明である。

30 ◯ 最後の「なぜ」からさかのぼって見直すことによって、論理が通っているかどうかを検証することができる。

1級

次の文章の内容が正しければ○、間違っていれば×で答えよ。

チェック欄

1回目 2回目

1 下図のチェックシートは、調査用チェックシートである。

清掃・点検・給油・増締めチェック表　機械名：　　　部　　課　サークル

No.	部　位	基　準	周期	チェック月日
			日週月	

2 サンプル中にある不良品の数を不良個数で表したときに用いるのは np 管理図である。

3 慢性ロスの特徴として、1つの原因（単一原因）で発生するケースが多いことがあげられる。

4 編成効率（％）は、（各工程の作業時間の合計）／（ピッチタイム × 工程数）× 100 で表される。

5 価値工学では、「価値」を「機能」と「コスト」で表し、下記の式で定義される。

$$価値（Value）= \frac{機能（Function）}{コスト（Cost）}$$

6 段取り替え後に行う調整は、不良品を出さないために必ず行うもので、ロスとはいえない。

7 IE の目的は、作業のムリ、ムダ、ムラをなくして、作業方法の質（能率）を高めることにある。

8 品質不良を解決したいときは、品質特性と工程の関係を表したマトリックス図が有効である。

9 QC ストーリーの問題解決ステップでは、問題の「現状の把握」をして、次に発生原因の「解析」にすすむ。

10 PM 分析の PM は、予防保全を意味している。

☐ ☐ **11** 正規分布において、データが μ ± 3 σ から外れる確率は 0.3％である。

☐ ☐ **12** 新 QC 七つ道具は、言語データを取り扱う七つの手法で構成されている。

☐ ☐ **13** 動作経済の原則は、動作方法の原則、作業場所の原則、スキル向上の原則の 3 つから成り立っている。

☐ ☐ **14** FMEA とは、ある故障が表面に現れるまで物理的、化学的、機械的、電気的、人間的な原因により、システムや設備で、どのような過程をたどってきたかがわかるしくみである。

☐ ☐ **15** ある目的や目標、結果などのゴールを設定し、それに至るまでの手段や方策となる事柄を系統づけて展開していく手法を系統図法という。

☐ ☐ **16** p 管理図は不適合品率（不良率）の管理図といわれる。

☐ ☐ **17** 調整と調節で、経験の違いによる個人のスキルの差が現れやすいのは調節である。

☐ ☐ **18** PM 分析では、重点的に要点をしぼって対策を行う「重点思考」の考え方は、有効ではない。

☐ ☐ **19** 解析手法として、FMEA はボトムアップ、FTA はトップダウンの手法といえる。

☐ ☐ **20** ロス構造の割合を見るため、故障、不良、チョコ停などの件数を棒グラフで示した。

☐ ☐ **21** 管理図において、中心線と上部管理限界線および下部管理限界線を総称して管理線という。

☐ ☐ **22** 度数分布表は、品質特性に対するバラツキの状況や、規格との関連を調査するものである。

☐ ☐ **23** 慢性ロスは、要因と結果の因果関係が不明確な場合が多い。

☐ ☐ **24** 5W2H 質問法の 2 つの H は、How（どのように）と How much（いくら）という意味である。

☐ ☐ **25** 外段取りとは、段取り作業のうち、機械設備の運転を止めなければできない型・治工具類の交換作業などをいう。

26 ラインバランス分析に用いられる編成効率は、各工程の待ち時間の合計を（ピッチタイム×工程数）で割って計算される。

27 IE の工程分析の手法として連合作業分析がある。

28 5S 状況、教育訓練などの無形の効果の達成度を把握するときはレーダーチャートを使用するとよい。

29 PM 分析の要因を洗い出すとき、微小欠陥が多く摘出されたので、その中の重点的な要因に絞って要因を整理した。

30 散布図で、x が増せば y は逆に減る場合を正の相関、x が増せば y も増える場合を負の相関という。

1　✕　点検・確認用チェックシートである。

2　○　np 管理図は、不適合品数（不良個数）の管理図といわれ、サンプル中にある不良品の数を不良個数 np（number of defectives）で表したときに用いる。

3　✕　題意は突発ロスである。慢性ロスは、原因と考えられるものが数多くあり、また原因が重なりあって発生する場合が多い。

4　○　題意のとおりである。ピッチタイム（タクトタイムともいう）とは、1日の必要数（計画生産数）を達成するために決められた製品1個当たりの加工時間のことである。

5　○　題意のとおり、コストは上がるが、よりすぐれた機能を提供することにより価値が向上する。

6　✕　段取り替えで時間を要するのは調整であり、その時間を短縮することが課題である。調整作業ではなく、調節作業にすることが時間短縮につながる。

7　○　IE とは、仕事をよりラクに、早く、安くするための技術であり、そのために作業のムリ、ムダ、ムラをなくして、作業方法の質（能率）を高めることにある。

8　○　マトリックス図は、問題としている事象の中から「対」になっている要素を縦と横とに配列して問題の所在や形態を探し出し、関係あるものに○や×を付け、問題解決の着想を効果的に得る手法である。

9　✕　QC ストーリーの問題解決ステップでは、問題の「現状の把握」をして、「目標設定」と「活動計画の立案」をしてから、発生原因の「解析」にすすむ。

10　✕　PM 分析の PM は、P は phenomenon（現象）、physical（物理的）、M は mechanism（メカニズム）と 4M=Man（人）Machine（設備）Material（材料）Method（方法）の意味である。

11　○　題意のとおりで、非常にめずらしいことから千3つ（センミツ）ともいう。　0.3% = 0.003 = 3/1000

12　✕　七つの手法のうち、マトリックス・データ解析法は数値データを取り扱っている。

13 ✕ 「動作方法」「作業場所」「治工具および機械」の原則の 3 つである。

14 ✕ 題意は故障メカニズムの説明である。FMEA とは、設備機器の潜在的な故障モードを洗い出し、故障が生じた場合の上位システムに及ぼす影響を検討・評価し、影響の大きな故障モードに適切な対策を実施し、故障の未然防止を図る手法である。

15 ◯ 題意のとおりである。系統図法は、ある達成したい目的を果たすための手段を複数考え、さらにその手段を目的ととらえ直して、その目的を達成するための手段を考えるというように、目的─手段の関係から具体的な手段・方策を追求していく。

16 ◯ 題意のとおりで、サンプル中にある不良品の数を不良率 p で表す。

17 ✕ 個人のスキルの差が現れやすいのは調整である。したがって、調整を排除し、機械的に標準化された内容で作業するための「調整の調節化」が必要である。

18 ◯ 理屈で考えて不具合に影響すると考えられる要因に関して、寄与率・影響度を考えずすべてを洗い出し、対策するべきである。

19 ◯ FMEA は下位、FTA は上位の現象から考察する。

20 ✕ ロスの構成割合を見るときは円グラフに表してみるのがよい。

21 ◯ 題意のとおり、管理図は管理線により、工程の管理状態が正常か異常かを決める判断材料になる。

22 ◯ 題意のとおりで、ヒストグラムを作成するときのデータとなる。

23 ◯ 慢性ロスは、その原因となるものが複数であったり、あるいは複合的であることから、要因と結果の因果関係が不明確な場合が多い。

24 ◯ 題意のとおり。データを整理し、解析し、改善を進めるときは、この 5W2H を活用すると効果的である。Who（誰が）、What（何を）、When（いつ）、Where（どこで）、Why（なぜ）、How（どのように）、How much（いくら）である。

25 ✕ 題意は内段取りのことである。外段取りとは、生産中に機械設備から離れて行うものである。

26 ✕ ラインバランス分析に用いられる編成効率は、各工程の作業時間の合計を（ピッチタイム×工程数）で割って計算される。

27 ○ 題意のとおり、「人ーもの」、「人ー人」などを複合的に分析する手法である。

28 ○ レーダーチャートは目標値に対する達成度を把握するためのグラフで、教育訓練の達成度、5S 状況などを見るのに適している。

29 × PM 分析の要因を洗い出すときは、どの要因がどれだけ不具合に寄与するかがわからない場合が多いので、「重点思考」の考え方は有効でない。

30 × 散布図で、正の相関とは x が増せば y も増える場合を、負の相関とは x が増せば y は減る場合をいう。

5. 設備保全の基礎

2級

次の文章の内容が正しければ○、間違っていれば×で答えよ。

チェック欄

1回目 2回目

1 下図において、A に入るのは「グリース」、B に入るのは「潤滑油」である。

形態による分類

潤滑剤 ─┬─ 液体潤滑剤 ──── ☐ A

　　　　├─ 半個体潤滑剤 ── ☐ B

　　　　└─ 個体潤滑剤 ──── 二硫化モリブデン・黒鉛・

　　　　　　　　　　　　　　　ポリ四ふっ化エチレン樹脂（PTEE）

2 液体封入ガラス温度計は、接触式の温度計である。

3 JIS で定められた金属材料の記号で、最初の部分は材質を表す。

4 空気圧機器のレギュレーターは、圧縮空気の潤滑をする機能がある。

5 ころがり軸受は、すべり軸受と比べて高速、高荷重、衝撃荷重に対して有利である。

6 2つの物体の接触面における油膜の形成状態を大きく分けると、境界潤滑と流体潤滑に分類することができる。

7 キーの長さは、とくに指定されたもの以外は軸径の2倍にする。

8 オームの法則の3要素とは、電流、電圧、電力である。

9 ノギスの測定は、おねじとめねじのはめあいを利用したものである。

10 黄銅は銅と亜鉛の合金である。

11 ポリエチレンは熱可塑性樹脂である。

□ □ **12** モンキーレンチは、自在に調整ができ各サイズのボルト・ナットに対応できるので、自主保全では「通常使用の工具」と認識されている。

□ □ **13** グリースのちょう度番号は、番号が大きくなると軟らかくなる。

□ □ **14** 放射温度計は非接触式の温度計である。

□ □ **15** 空気圧装置の消音器は、すべての方向制御器に取り付ける。

□ □ **16** 炭素鋼は、用途の面から、構造用炭素鋼、工具用炭素鋼に分けることができる。

□ □ **17** ころがり軸受は、一般的にすべり軸受と比べて摩擦抵抗が少なく、保守性、互換性においても有利である。

□ □ **18** 固体潤滑剤の代表的なものにグリースがある。

□ □ **19** ドリルの穴あけ位置をはっきり示すために、タップを使用した。

□ □ **20** スパナでボルトを締め付ける目安として、M6以下のボルトでは手首の力だけで締める

□ □ **21** リミットスイッチは、周囲の明るさが誤動作に影響するので、取付け場所には注意する。

□ □ **22** 密封装置に使われるシールには、固定用と運動用がある。

□ □ **23** 電気の導体の抵抗は、長さに反比例し、断面積に比例する。

□ □ **24** 寸法公差とは、最大許容寸法と最小許容寸法の差である。

□ □ **25** 空気圧装置は、配管に液体を使用しないので、機器の防錆処理や潤滑が不要である

□ □ **26** 鋳鉄は、純鉄よりも炭素量が少ない。

□ □ **27** ころがり軸受は、玉軸受ところ軸受に大別される。

□ □ **28** リーマは、穴をあけることもできる工具である。

□ □ **29** 直流の電気は、蓄電できる、持ち運びができるなどの利点がある。

□ □ **30** 歯車の歯形には、インボリュート歯形とサイクロイド歯形の2種類がある。

31	センサーの身近な用途として自動ドアに使用されているのは、近接スイッチである。
32	歯車は2軸の一定速度比を必要とするときに用いられる。
33	油圧装置は、① 油圧タンク、② 油圧ポンプ、③ 油圧バルブ、④ 油圧アクチュエーター、⑤ アクセサリーの5つの要素があれば構成できる。
34	圧力制御弁は、シリンダーの動きを速くしたり遅くするために使用する。
35	ナットがゆるみ方向に回転する場合、衝撃的外力によるゆるみが原因と考えられる。
36	鉱物性潤滑油とグリース潤滑では、冷却効果はグリース潤滑のほうが大きい。
37	空気圧は、油圧に比べて圧力が低いので、安全性が高く、人体などへの危険性も少ない。
38	アルミニウムは、空気中では耐食性が大で、真水にも侵されない。
39	絶対温度Kは、摂氏（℃）＋ 273.15 で表される。
40	図面で寸法の前に記されたRは、半径を表す記号である。
41	空気圧装置の適正な圧力を設定する機器はレギュレーターである。
42	作動油の劣化速度にもっとも影響が大きいのは油温である。
43	グリースは潤滑油に比べて回転速度の速い機器に使用される。
44	M10 のねじは、呼び寸法が10 ミリのメートルねじということである。
45	割りピンは、一度使用したものは再度使用しない。
46	交流は短時間のうちに電流の流れる方向が逆転し、電圧の大きさも周期的に変化する。
47	シリンダーゲージは外径測定用の測定器である。
48	銅は、電気や熱の伝導率が高い。

5. 設備保全の基礎

2 級

1 級

- [ ] [ ] **49** メータイン回路は、シリンダー負荷の変動の大きい回路に適している。
- [ ] [ ] **50** 硬質ゴムのうち、電気絶縁材料としてよく使われるものにエボナイトがある。
- [ ] [ ] **51** マイクロメーターを使用しないときは、アンビルとスピンドルの両測定面は密着させておく。
- [ ] [ ] **52** 潤滑剤の給油・脂は設備の機種ごとに決まっているので、油種の変更や統合をしてはならない。
- [ ] [ ] **53** 鋳造品や金属切断後のバリ取りに使用される工具として、ディスクグラインダーがある。
- [ ] [ ] **54** 炭素鋼は、炭素含有量に比例して、硬度が増加する。
- [ ] [ ] **55** 機械製図で、引出し線は細い実線を用いる。
- [ ] [ ] **56** 軸と軸受の面が直接接触（面接触）しているのは、ころがり軸受である。
- [ ] [ ] **57** グリースと潤滑油を比較すると、洗浄効果は潤滑油のほうが大きい。
- [ ] [ ] **58** 水準器は、液体内につくられた気泡の位置がいつも高いところにあることを利用して、角度を測る測定器である。
- [ ] [ ] **59** 合金鋼は、炭素鋼に１種以上の金属または非金属を合金させたものである。
- [ ] [ ] **60** 軸と軸を連結するときに用いる機械要素は、軸継手である。
- [ ] [ ] **61** ハンドタップは、通常２本１組で使われる。
- [ ] [ ] **62** ねじ山の中心線間の距離をリードと呼び、ねじを１回転させたときねじ山の進む距離をピッチという。
- [ ] [ ] **63** 事故防止のため、配線に電圧がかかっているかを確認するためにペンシル型検電器を使用した。
- [ ] [ ] **64** 接地（アース）の目的の１つに感電の防止がある。
- [ ] [ ] **65** 金属材料記号で、一般構造用圧延鋼材：SS400 の 400 は、最低引張り強さ（400N/mm^2）を示している。

66 Vプーリー溝に付着した錆やダストは、Vベルトとの摩擦力を増し、動力の伝達力をアップさせるので、除去してはならない。

67 天然ゴムと合成ゴムでは、天然ゴムのほうが耐油性、耐熱性、弾力性にすぐれている。

68 Vベルトの上面がプーリーのみぞより下に位置していたが、まだ使用できると判断した。

69 ステンレス鋼、アルミニウム、すず、鉛は非鉄金属材料である。

70 空気圧調整ユニット（3点セット）で、空気流入側から最初にあるのはエアフィルターである。

71 フライス盤は、工作物を回転させ加工を行う工作機械である。

72 作動油の効果を維持するためには、55 ～ 70℃の範囲で使用する必要がある。

73 ゴミの入りやすいところで、密封を完全にする必要のある個所にはグリースを用いる。

74 タップはおねじを切る切削工具である。

75 キーは、回転軸に歯車、カップリング、スプロケット、プーリーなどを固定するために使用する。

76 交流には、単相交流と三相交流がある。

77 2軸が平行で、歯が軸に対して傾いてらせん状についている歯車を、やまば歯車という。

78 油圧ポンプを起動したときに異常音があったら、ストレーナーの目詰まりの可能性がある。

79 硬化すると加熱しても軟化せず、どのような溶剤にも溶解しない性質を持つのは、熱硬化性プラスチックである。

80 チェーン伝動装置では、チェーンに潤滑してはならない。

81 インバーターは、交流モーターの回転数を変えることに使われる。

82 ボルト・ナットのゆるみ止めとして、二重ナットでは先に厚いナットを締め、その上に薄いナットを締め付ける。

83 平歯車は、回転方向は互いに同じである。

84 熱電対温度計は電気抵抗温度計に比べて、比較的低温用の温度測定器である。

85 アルミニウム最大の特質は、他の実用金属と比較して比重が軽いことである。

86 鋼の耐食性は、Cr を添加することで著しく向上する。

87 下図の金属部品の結合法において、A に入るのは「重ね組み」である。

A

88 作動油の粘度が低すぎると、油圧機器のすき間から漏れが発生する。

89 穴の最大許容寸法より軸の最小寸法が大きい場合のはめあいを締まりばめという。

90 フランジを締める場合、上から右回りでボルトを締め付ける。

91 一般にテスターは、直流電圧、直流電流、抵抗を測定するもので、交流の電圧や電流は測定できない。

92 V ベルトによる伝動装置は、かみ合い伝動である。

93 ロッキング回路は、油圧アクチュエーターを任意の位置に固定し、動き出さないようにする回路である。

94 アルミニウムの熱や電気の伝導性は、銅よりもすぐれている。

95 空気圧は油圧ほど大きな力が得られない。

96 加工の基準となる寸法を基準寸法といい、上の寸法許容差を最大許容寸法、下の寸法許容差を最小許容寸法という。

97 ノギスは、本尺と副尺（バーニヤ）の関係を利用して目盛を読み取る。

□ □ **98** メカニカルシールは、運動用シール（パッキン）として使用されている。

□ □ **99** 油圧バルブのうち、仕事の速さを決めるのは流量制御弁である。

□ □ **100** 油圧で密閉容器中の一部に加えられた圧力は、流体の各部に等しい強さで伝達される。

5. 設備保全の基礎

2級

1級

1 ✕　Aに入るのは「潤滑油」、Bに入るのは「グリース」である。

2 ◯　題意のとおりで、取扱いが容易、信頼性が高いが、衝撃に弱いという特徴がある。

3 ◯　題意のとおりで、Sは鋼、Bは青銅、Fは鉄を表す。

4 ✕　題意はルブリケーターの解説である。レギュレーターは、圧縮空気の圧力を使用目的に応じて制御する役割を持つ。

5 ✕　高速、高荷重、衝撃荷重に対して強いのは、すべり軸受である。

6 ◯　題意のとおりである。境界潤滑は油膜がきわめて薄く部分的にこすっている現象、流体潤滑は油膜が十分ある状態である。

7 ✕　1.5倍とJISに規定されている。

8 ✕　電気回路の3要素とは、電流、電圧、抵抗である。

9 ✕　題意はマイクロメーターのことである。

10 ◯　題意のとおり、黄銅は銅と亜鉛の合金で、真ちゅうともいう。

11 ◯　題意のとおりで、熱可塑性樹脂としてほかに、ポリ塩化ビニール、ポリプロピレンなどがある。

12 ✕　モンキーレンチは、自在に調整ができ各サイズのボルト・ナットに対応できるが、適正なトルクをかけにくいため、自主保全では「非常用の工具」と認識されている。

13 ✕　番号が大きくなると硬くなる。「ちょう度」「ちょう度番号」はまぎらわしいので、確実に覚えておくこと。

14 ◯　題意のとおりである。放射温度計は50～2000℃まで広範囲の温度を測定することができる。

15 ◯　消音器は排気音を消す働きと、排気中の不純物を除去するフィルターの役目も果たすので、すべての方向制御器に取り付けるのが原則である。

16 ◯　題意のとおりで、0.6％C以下のものは構造用に、0.6％C以上のものは工具用に使用される。

17 ○ すべり軸受は軸と軸受がじかに接触しており、ころがり軸受は転動体を介して軸を支えている。したがって、摩擦抵抗の少ないのはころがり軸受であり、題意のように保守性、互換性においても有利である。

18 ✕ グリースは半固体潤滑剤である。固体潤滑剤として黒鉛、二流化モリブデンなどがある。

19 ✕ 穴あけ位置を示すためには、ポンチを打つ。タップはめねじを切る切削工具である。

20 ○ M6 以下のボルトを締め付ける場合、人差し指・中指・親指 3 本でスパナを持ち、手首の力だけで締める。

21 ✕ 周囲の明るさにより誤作動が起きるのは光電スイッチのことである。

22 ○ 題意のとおり。固定用シールと運動用シールがある。

23 ✕ 導体の抵抗は、長さに比例し、断面積に反比例する。

24 ○ 寸法公差とは、最大許容寸法と最小許容寸法の差であり、寸法公差の大きさは部品の大きさ、仕上げの精度によって決める。

25 ✕ 空気中には水分があるので、ルブリケーターで油を噴霧して防錆を行う必要がある。

26 ✕ 純鉄は炭素含有率 0.02%程度までの鉄、鋳鉄は炭素含有率が 2% を超える鉄と炭素を主成分とした合金である。

27 ○ ころがり軸受は、一般に軌道輪、転動体および保持器から構成され、転動体が玉ところによって、玉軸受ところ軸受に大別される。

28 ✕ リーマは、ドリルなどであけられた穴の内面を、なめらかで精度のよいものに仕上げるために用いる切削工具である。

29 ○ 題意のとおりで、工場内では、電気めっき、静電塗装、放電加工などに利用されている。

30 ○ 題意のとおりで、ほとんどの歯車に使用されるインボリュート歯形と精密機械などの小型歯車に用いられるサイクロイド歯形の 2 種類がある。

31 ✕ 自動ドアに使用されているのは、光電スイッチである。近接スイッチは、位置決めや液面レベルの制御などに使われる。

32 ◯ 題意のとおりで、減速あるいは増速などに有効である。

33 ◯ 油圧装置はいろいろな要素の組合わせにより、多くの機能を持たせることができるが、問の5つの要素があれば十分である。

34 ✕ 題意は流量制御弁であり、この弁は、絞り弁、流量調整弁に大別される。

35 ◯ 外力の衝撃力がねじ面の接触圧力以上になったとき、ボルトとナットのねじ面が離れる。その次の瞬間戻って再接触することがナットの戻り回転の原動力となり、ゆるみが発生する。

36 ✕ 冷却効果が大きいのは潤滑油のほうである。

37 ◯ 空気圧回路では、およそ 0.6 ～ 0.7MPa の圧力が一般的である。

38 ◯ アルミニウム（Al）は、表面に不浸透性の薄い強固な酸化膜ができ、外気との接触を断つ。

39 ◯ 題意のとおりで、T（K）＝ t（℃）＋ 273.15 の関係にある。

40 ◯ 題意のとおりで、半径の寸法は R を寸法数値の前に寸法数値と同じ大きさで記入して表す。なお、直径は寸法の前に φ を記入する。

41 ◯ レギュレーターには減圧弁や安全弁などがある。

42 ◯ 油温が 70℃を超えると、油温上昇 10℃に対し酸化速度は 2 倍になるといわれている。

43 ✕ グリースは潤滑油より回転速度の遅い機器に使用される。

44 ◯ 題意のとおりで、呼び径とは、ねじの寸法を代表する直径で、主としておねじの外形の基準寸法が使われる。

45 ◯ 一度使用すると、金属疲労などで折れやすくなっているため、再利用はできない。

46 ◯ 題意のとおりである。なお、直流は電流の流れる方向、電圧の大きさも一定である。

47 ✕ シリンダーゲージは、測定器の一端にある測定子と換えロッドを被測定物の穴の内側に当て、その当たり量を他端にあるダイヤルゲージの指針で読み取る内径測定用の測定器である。

48 ◯ 題意のとおりで、銅は元素のまま工業材料として用いられる。

49 ◯ 題意のとおりで、フライス盤の送りなどに使用される。

50 ◯ 硬質ゴムは硬くてもろいが、電気絶縁性にすぐれている。エボナイトはその代表的なものである。

51 ✕ マイクロメーターを使用しないときは、アンビルとスピンドルの両測定面は多少離しておく。熱膨張によりスピンドルに熱応力がかからないようにするため。

52 ✕ 潤滑の管理が煩雑になってはならない。したがって、油種は統合するなどでなるべく少なくして管理しやすい状態にしておくことが望ましい。

53 ◯ ディスクグラインダーはサンダーとも呼ばれ、バリ取りなどに使用されている。

54 ◯ 炭素鋼は、炭素含有量に比例して、引っ張り強さ、降伏点及び硬度が増加する。

55 ◯ 機械製図で、中心線、寸法線、引出し線などには細い実線を用いる。

56 ✕ 題意はすべり軸受である。ころがり軸受は点接触または線接触である。

57 ◯ 潤滑油はグリースと比較して洗浄効果、冷却効果が大きい。

58 ◯ 題意のとおりで、水準器の感度は、気泡を気泡管に刻まれた1目盛りだけ移動させるのに必要な傾斜である。この傾斜は底辺1mに対する高さ（mm）、あるいは角度（秒）で表される。

59 ◯ 合金鋼は、炭素鋼に1種以上の金属または非金属を合金させたものであり、その性質を実用的に改善したものである。

60 ◯ 題意のとおりで、減速機の入力軸とモーターの軸とを連結するときなどに使用される機械要素は軸継手である。

61 ✕ タップとは、穴の内側にねじを刻むために用いられる工具で、先タップ、中タップ、仕上げタップの3本1組で使われる。

62 ✕ ねじ山の中心線間の距離をピッチと呼び、ねじを1回転させたときねじ山の進む距離をリードという。

63 ◯ ボタンを押すと点灯して電圧がかかっているかを確認できるので、オペレーターの点検で多く活用されている。

64 ◯ そのほかに、避雷、静電気障害の防止、通信障害の抑制がある。

65 ◯ 題意のとおりで、記号の最後の部分は金属材料の種類を表している。

66 ✕ 溝に付着した錆やダストはベルト摩耗の原因となるので、除去する。

67 ✕ 耐油性、耐熱性、弾力性にすぐれているのは合成ゴムである。

68 ✕ ベルト上面はプーリーより上に出ている状態で使用する。題意のような場合は、ベルトの交換が必要である。

69 ✕ ステンレス鋼は合金鋼であり、アルミニウム、すず、鉛は非鉄金属材料である。

70 ◯ 空気圧調整ユニット（3点セット）は、空気流入側からエアフィルター、レギュレーター、ルブリケーターの順に並んでいる。

71 ✕ 題意は旋盤のことである。フライス盤は刃物を回転させ、工作物に送りを与えて切削する工作機械である。

72 ✕ 一般作動油の使用温度はできれば 30 ～ 55℃で使用する。高温だと酸化が早くなる。

73 ◯ グリースは密着性がよく、密封効果にすぐれている。

74 ✕ おねじを切るのはダイスであり、タップはめねじを切る切削工具である。

75 ◯ 荷重条件や構造、機能に応じて多くの形状が選ばれる。

76 ◯ 題意のとおりで、単相交流は家庭用電源、三相交流は発電、送配電、電動機運転などに広く用いられている。

77 ✕ 2軸が平行で、歯が軸に対して傾いてらせん状についている歯車を、はすば歯車という。

78 ◯ 題意のとおりである。ストレーナーは作動液に混入している固形粒子やゴミを除去し、回路内に侵入させない働きをする機器である。定期清掃や汚染時にはエレメントの交換が必要である。

79 ◯ フェノール樹脂、エポキシ樹脂などがあり、廃棄されても再利用が困難である。

80 ✕ チェーンには給油する個所が多くあり、潤滑はチェーンの寿命を決定するもっとも大きな要因となる。

81 ◯ 題意のとおりで、インバーターとは、直流（DC）を交流（AC）へと変換し、モーターの回転速度を制御するための装置である。

82 × 締付け軸力とロッキング力の和を上のナットが負担し、下ナットはロッキング力だけを負担するので、上に厚い、下に薄いナットを配置すると効果的である。

83 × 平歯車は歯すじが直線で、歯は軸に平行に取り付けられて、回転方向は互いに逆である。

84 × 熱電対温度計は電気抵抗温度計に比べて、比較的高温用の温度測定器として使用される。

85 ○ 題意のとおりで、比重は 2.7 と、Mg（1.74）、Be（1.85）を除けば、実用金属中でもっとも軽い部類に属する。

86 ○ 題意のとおりで、高温酸化、亜硫酸ガスおよび高温高圧の水素などにも耐えられる。

87 × 薄い板材を結合する「はぜ組み」である。

88 ○ 粘度が低すぎると、油圧機器各部のすき間からの漏れが多くなり容積効率が低下する。

89 ○ 題意のとおりで、穴の最小許容寸法より軸の最大寸法が小さい場合のはめあいをすきまばめという。

90 × ボルトの締付け順序は、相対締付け法で、対角、次に 90 度角度を変えたところを締め付ける。

91 × 直流電圧、直流電流、交流電圧、交流電流（アナログ式テスターにはない）、抵抗の 5 つの基本測定モードを持っている。

92 × 摩擦伝動として V ベルト、平ベルト、かみ合い伝動として歯付きベルト、タイミングベルトがある。

93 ○ 題意のとおりで、切換え弁やパイロット弁を用いる。

94 × 熱や電気の伝導性は、銅のほうがすぐれている。アルミニウムは銅に次ぐ。

95 ○ 空気には圧縮性があるので、大きな力を得ることはむずかしい。

96 ○ 題意のとおり、最大許容寸法、最小許容寸法から基準寸法を引いたものを、それぞれ上の寸法許容差、下の寸法許容差という。

97 ○ ノギスは本尺と副尺の目盛方法が異なっており、そのズレを利用して測定する。内側、外側、深さを測定できる。

98 ◯ 題意のとおり、メカニカルシールは密封の信頼性が高く、NC 旋盤や高速回転ポンプに使用されている。

99 ◯ 圧油の流量を制御することによって、シリンダーなどの速度を制御する。スロットルバルブ（絞り弁）などがある。

100 ◯ 題意のとおりで、パスカルの原理といわれている。

1級

次の文章の内容が正しければ○、間違っていれば×で答えよ。

チェック欄

1回目 2回目

1 下図の標準的な油圧タンクの構造において、A に入る語句は「ガイドパイプ」である。

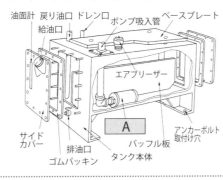

油面計　戻り油口　ドレン口　ベースプレート
給油口　　　ポンプ吸入管
エアブリーザー
サイドカバー　　　A　　　アンカーボルト取付け穴
排油口　　バッフル板
ゴムパッキン　タンク本体

2 でんぷんのりやにかわ（膠）は、天然高分子系接着剤である。

3 ハイトゲージは、けがき作業も可能である。

4 品物を図形で正確に表すには、正面図、平面図、断面図の3方向で描く。

5 K は絶対温度を表し、単位はケルビンである。

6 七三黄銅とは、亜鉛（Zn）70％と銅（Cu）30％の銅合金である。

7 空気圧装置のサイレンサー（消音器）は、騒音の激しい電磁弁にだけ付ける。

8 旋盤は、工作物に回転を与え、これに刃物を当てて切削加工し、主に円筒形の品物をつくり出すことができる。

9 油圧タンクの作動油の点検は、通常設備の停止中に行う。

10 すべり軸受の軸受が過熱したので、軸受すき間を減少させ、油穴を小さくした。

11 潤滑油は、冷却していくと粘度は増加していく。

5. 設備保全の基礎

2級

1級

☐ ☐ **12** ピッチが 1.2mm の 2 条ねじのリードは、0.6mm である。

☐ ☐ **13** 電気の 3 要素である電流（A）、電圧（V）、抵抗（Ω）は、$A = \dfrac{V}{\Omega}$ の関係がある。

☐ ☐ **14** 位置の変化を感知・検出するセンサーは、光電センサーである。

☐ ☐ **15** 一般的な M 型ノギスは、バーニヤの目盛りが 19mm を 20 等分してある。

☐ ☐ **16** チェーン伝動はベルト伝動に比べて、大きな動力を伝達することができる。

☐ ☐ **17** ベルヌーイの定理とは、「密閉容器の液体の一部に加えた圧力は、同時に液体各部に垂直に等しい強さで伝わる」というものである。

☐ ☐ **18** 対象物の見えない部分の形状を表すのに用いる線を「かくれ線」という。

☐ ☐ **19** 電気抵抗温度計は、金属の電気抵抗が温度が上がると抵抗値が増加することを利用した温度計である。

☐ ☐ **20** 非鉄金属材料で、元素のまま工業材料として用いるものはない。

☐ ☐ **21** 図面の寸法表示で、単位記号のついていない数字はすべてセンチメートルである。

☐ ☐ **22** 空気圧調整ユニット（3 点セット）は、圧縮機側からエアフィルター、ルブリケーター、レギュレーターの順に接続する。

☐ ☐ **23** 2 つの物体の接触面に十分な厚さの油膜がある状態のことを流体潤滑という。

☐ ☐ **24** キーの材質は、軸材よりもやや軟らかいものを使用する。

☐ ☐ **25** 電気抵抗は導体の長さに比例し、断面積に反比例する。

☐ ☐ **26** マイクロメーターの読み方は、スリーブとシンブルの目盛を加えた値である。

☐ ☐ **27** 一般的に、チェーンカップリングの潤滑は潤滑油を用いる。

☐ ☐ **28** 静止している流体の圧力は、各面に直角に作用する。

29 熱可塑性プラスチックは、高温で軟化して、冷却すると硬化する性質をもっている。

30 すき間ゲージは、厚さの異なる何枚かの薄鋼片（リーフ）からなる標準ゲージの一種である。

31 18－8ステンレス鋼は、Niが18％、Cr8％のニッケル・クロム鋼ステンレスである。

32 溶接は、接合する工作物の板厚や形状に制限が少ないという利点がある。

33 電磁弁は、流れの方向を変える役割を持っている。

34 単列深溝玉軸受の特徴として、ラジアル荷重だけでなく、スラスト荷重も受けられる。

35 炭素鋼は、炭素量の増加とともに硬度は減少する。

36 グリース潤滑の長所の1つとして、攪拌抵抗が比較的小さい（発熱が小さい）ことがあげられる。

37 同じサイズのねじならば、細目ねじより並目ねじのほうがゆるみにくい。

38 マイクロメーターは、直射日光程度であれば精度に影響はない。

39 Vベルトはプーリー底面に着くようにしなければならない。

40 ガソリン計量の流量計として使用されるのは、面積式流量計である。

41 配線用遮断器（MCCB）とは、低圧回路の電路保護に用いられる遮断器のことである。

42 熱可塑性プラスチックは、高温で軟化し流動状態になるので、加熱・溶融を繰り返し、再利用することができる。

43 下図のマイクロメーターから読み取れる測定値は、12.22mmである。

44 電気の発電や電気の送配電をするときに広く用いられているのは、直流である。

45 グリースのちょう度は、番号が小さくなるほど硬くなる。

46 トタン板は溶融亜鉛めっきを施した鋼板である。

47 ゼーベック現象を利用して2つの接合点の温度差から温度を測定するものは、電気抵抗温度計である。

48 空気圧機器は精密な速度制御に適している。

49 二硫化モリブデンは半固体潤滑剤の一種である。

50 キーの長さは、原則として軸径の1.5倍である。

51 近接スイッチは、検出する物体が近づくと、無接触で検出するので、位置決めなどに広く利用される。

52 下図のノギスの本尺目盛りと合っている副尺目盛りの位置を矢印で示している。読み取れる測定値は、7.55mmである。

53 ポリスチレンを発砲させたのが、発泡スチロールである。

54 油圧バルブのうちリリーフ弁は、流量制御弁の一種である。

55 差圧式流量計は、ベルヌーイの定理を応用して流量を測定する。

56 歯車の歯形で、精密機械や計測器用の小型歯車に使用されているのは、サイクロイド歯形である。

57 光電スイッチは20cm程度の間近なものしか検出できない。

58 回路計（テスター）で抵抗を測定する場合は、対象設備の電源を切ってから行う。

59 製品などに油の飛沫をきらう個所では、グリースを使用する。

60 空気圧回路では、油圧回路に比べて戻り配管が必要である。

61 水準器は、3種の方が1種よりも感度が高い。

62 バイメタル温度計は、非接触式の温度計である。

63 ボール盤で加工する場合、工作物は静止しており、スピンドルが回転してドリルで穴あけを行う。

64 リン酸エステル系作動液は、鉱油系作動油に含まれる。

65 ラインフィルターは、ポンプの吸込み側に設置する。

66 互いに隣り合ったねじ山の中心線間の距離をリードという。

67 スパナによるボルトの締付けの目安は、M6 まで指の力、M10 まで手首の力で締める。

68 ダイヤルゲージは、平行度、直角度、軸の曲がりなどの寸法差を読み取る測定器である。

69 歯車において、互いにかみ合う歯車の歯面の接触あとを歯当たりという。

70 O リングは、固定用シールならびに運動用シールとしても使用される。

71 油圧装置の基本回路として、圧力制御回路、速度制御回路、メータイン回路の 3 つがある。

72 一般に、天然ゴムは合成ゴムより耐油性、耐熱性にすぐれている。

73 流量計の中で、ベルヌーイの定理を応用しているのは電磁式流量計である。

74 潤滑油の異物の混入、潤滑油の劣化、汚れを油面計でチェックした。

75 水準器の傾斜は、底辺 1m に対する高さ（mm）、角度（秒）で表される。

76 ヤスリの目には、単目と複目があるが、アルミニウムのような軟質金属の仕上げには、複目のヤスリが用いられる。

77 ステンレス鋼は、鉄鋼に Cr（クロム）が 12%以上含まれている。

78 金属材料記号で、SS400 の最初の S は「鋼」を表す。

79 機械製図で、外形線を表すのに用いるのは細い実線である。

		80	空気圧装置と油圧装置を比較した場合、空気圧は油圧に比べて圧力が高い。
□ □		81	含水系作動油は、一般的に非危険物に分類される。
□ □		82	ころがり軸受は、スラスト荷重のみを受け、ラジアル荷重は受けられない。
□ □		83	穴の最大許容寸法より軸の最小寸法が小さい場合のはめあいを締まりばめという。
□ □		84	ねじを 1 回転させたとき、ねじ山の進む距離をピッチという。
□ □		85	あらかじめ定められた順序に従って制御の各段階を順次進めていく制御をシーケンス制御という。
□ □		86	断面図を描く際、かえって断面図にすると見にくくなる場合は、工夫をして断面図を作成する。
□ □		87	ちょう度 310 のグリースは、ちょう度 220 のグリースより硬いグリースである。
□ □		88	ボルトの締付けトルク T は、ボルトの軸心から作用点までの距離 L と回す力 F の積で求められる。
□ □		89	マイクロメーターで測定するときは、シンブルを回さないでラチェットストップを回す。
□ □		90	シリンダーゲージによる測定は、おねじとめねじのはめあいを利用したものである。
□ □		91	はすば歯車は 2 軸が平行な歯車である。
□ □		92	回転計で、回転の速さの瞬時値を連続的に測定・指示するのはストロボスコープである。
□ □		93	アルミニウム、すず、亜鉛は、非鉄金属材料であり、そのまま工業材料として使用される。
□ □		94	冷却すると硬化する性質をもつ樹脂を、熱可塑性プラスチックという。
□ □		95	ボール盤でドリルを用いて穴をあける作業を「座ぐり」という。
□ □		96	リフレックス・リフレクターは温度測定で使用される。

97 溶接による接合は、板厚や形状に制限が少ないが気密性がよくない。

98 ストレーナーとは、油圧タンク内にあるフィルターをいう。

99 近接スイッチが検出できるのは金属だけである。

100 運動用シールには、グランドパッキン、メカニカルシールがある。

5. 設備保全の基礎

2 級

1 級

1 ✕ 油圧タンク内にあるフィルターの「ストレーナー」である。

2 ◯ 題意のとおり、日本では古くから、天然高分子材料による接着剤として使用されてきました。

3 ◯ ハイトゲージは本尺と副尺をもち、定盤上で高さの測定を行ったり、精密なけがき作業が可能である。

4 ✕ 正面図、平面図、側面図の3方向で描く。

5 ◯ 題意のとおりで、摂氏（セルシウス）との関係は、T（K）＝ t（℃）＋ 273.15 である。

6 ✕ 七三黄銅は、銅（Cu）70％と亜鉛（Zn）30％で、冷間加工性に富み、圧延加工材として用いられる。

7 ✕ サイレンサーは、消音と同時に外に排気する不純物を除去するフィルターの役目も果たすので、原則としてすべての方向制御器に付ける。

8 ◯ 題意のとおりで、テーパ削り、中ぐり、側面削り、めねじ切り、おねじ切りなど、幅広く加工ができる。

9 ✕ 油圧タンクの作動油の点検は、作動中と停止中でタンクの油面高さが異なるので、通常の点検は作動中に行う。

10 ✕ 軸受すき間を大きくし、低粘度油に変更し、油溝を広げ、油穴を大きくし、油溝の面取り（R）を大きくする、油圧を上げるなどの対策が必要である。

11 ◯ 題意のとおりで、冷却し固まって流動しなくなる温度を凝固点という。

12 ✕ L（リード）＝ n（条数）X P（ピッチ）であるから、2 X 1.2 ＝ 2.4（mm）である。

13 ◯ 題意のとおりである。これをオームの法則という。

14 ✕ 位置の変化を感知・検出するセンサーは、マイクロスイッチ、リミットスイッチである。

15 ◯ 題意のとおりで、本尺とバーニヤの1目盛りの差を利用して測定する。

16 ◯ 題意のとおりであるが、高速回転には不適である。

17 ✕ 　題意はパスカルの原理である。

18 ○ 　題意のとおりで、細い破線または太い破線で表す。

19 ○ 　題意のとおりで、直接電気抵抗を測定するので、比較的容易に温度測定ができる。

20 ✕ 　元素のまま使われるものに、銅、アルミニウム、すず、鉛、亜鉛などがある。

21 ✕ 　図面の寸法表示で、単位記号のついていない数字はすべてミリメートルである。

22 ✕ 　圧縮機側からエアフィルター、レギュレーター、ルブリケーターの順である。

23 ○ 　この状態における摩擦抵抗は流体の粘性抵抗のみで定まり、摩擦面の材質や潤滑剤の油性の影響は特殊な場合を除いて、ほとんど受けない。

24 ✕ 　キーの材質は、軸材よりもやや硬いものを使用する。

25 ○ 　題意のとおりで、抵抗＝抵抗率×（長さ／断面積）の関係にある。

26 ○ 　まずスリーブの目盛を読み、これにスリーブの基線と合致しているシンブルの目盛を加えた値が実寸となる。

27 ✕ 　チェーンカップリングの潤滑は、グリースを用いるのが一般的である。

28 ○ 　題意のとおりで、パスカルの原理により、各面に直角に作用する。

29 ○ 　熱可塑性プラスチックは、高温で軟化して自由に変形することができ、冷却すると硬化する性質をもつ樹脂である。

30 ○ 　すき間ゲージは、リーフを何枚かを重ねて寸法をつくってすき間に挿入して測定する。組み合わせるときは、できる限り枚数が少なくなるようにする。

31 ✕ 　18－8ステンレス鋼は、標準成分がCrが18％、Niが8％のステンレス鋼である。

32 ○ 　題意のとおりであり、そのほか、接合に要する時間が短く、気密も良好で、加工の自動化も容易であるという利点がある。

33 ○ 　題意のとおりで、電磁石（ソレノイド）を操作力とするので、ソレノイドバルブともいわれ、方向制御弁の中でもっとも多く使用されている。

34 ○ 単列深溝玉軸受は、ラジアル荷重だけでなく、両方向のスラスト荷重も受けられる。

35 × 炭素量が増加するにつれて引張り強さ、降伏点および硬度は増加し、伸び、絞りおよび衝撃値は減少する。

36 × グリースは、かく拌抵抗や摩擦抵抗が大きいために発熱する場合がある。

37 × 並目ねじより細目ねじのほうがゆるみにくい。

38 × 最小読み取り単位 0.01mm という事もあり、直射日光に当てることで、測定物や測定器そのものが温度変化によって伸び縮みし、精度に大きな影響を与える。

39 × V ベルトはプーリー底面に着いている状態は、ベルトが摩耗している証拠であり危険である。

40 × ガソリン計量の流量計として使用されるのは、容積式流量計である。

41 ○ 過負荷または短絡（ショート）などが起きた場合に自動的に遮断するもので、ヒューズ交換などの手間がかからず、停電時間を短縮できる。

42 ○ 熱可塑性プラスチックは、熱分解温度以下で軟化し流動状態になるので、加熱・溶融を繰り返し、再利用することができる。

43 × スリーブの目盛りの下側の中間につけられた 0.5mm を越えているので、12.72mm である。

44 × 電気の発電や電気の送配電をするときに広く用いられているのは、交流である。

45 × ちょう度とはグリースの硬さを表すもので、000 号から 6 号まで 9 種類に分類されている。ちょう度番号が小さくなるほど軟らかい。なお、ちょう度番号とちょう度があり、まぎらわしいが理解しておくこと。

46 ○ 題意のとおりで、亜鉛鉄板とも言われる。

47 × 題意は熱電対温度計のことである。

48 × 空気には圧縮・膨張する性質があるため、空気圧機器は精密な速度制御には不向きである。

49 ✕ 二硫化モリブデンは固体潤滑剤である。そのほか、黒鉛、ポリ四フッ化エチレン樹脂（PTFE）などが固体潤滑剤である。

50 ◯ 題意のとおりで、JIS に規定されている。

51 ◯ 題意のとおりで、誤動作の原因となるので、センサーにゴミや金属物質が付着していないか、水、油、クーラントの汚れがないかなどの点検が必要である。

52 ✕ 副尺目盛りの 0 に対応する本尺目盛りを読むと 8mm より少し右にずれているので、8.55mm である。

53 ◯ 題意のとおりで、包装容器、電化製品のケースなどに使用される。

54 ✕ リリーフ弁は圧力制御弁の一種である。

55 ◯ 題意のとおりで、差圧式流量計はガス体、液体などの流量を測定する際に、工業用としてもっとも多く使用されている。

56 ◯ サイクロイド歯形は摩耗による誤差の発生が少ないので、精密機械や計測器用の小型歯車に使用されている。

57 ✕ 光電スイッチは間近なものから数 10m 離れたものまで広い検出ができる。

58 ◯ 題意のとおりである。また、コンデンサーがある回路では、放電後に測定する。

59 ◯ グリースは付着性が強く、流れ出したり飛び散ったりしないので、油の飛沫をきらう個所に適する。

60 ✕ 空気圧回路では戻り配管が不要であり、配管が容易で設備費が安いという特徴がある。

61 ✕ 1 種は 0.02mm/1m、3 種は 0.1mm/1m であるので、1 種の方が感度は高い。

62 ✕ バイメタル温度計は接触式の温度計で、離れたところでは測定できないが、記録、警報、自動制御が可能な温度計である。

63 ◯ ボール盤は、スピンドルが回転して主としてドリルを用い、穴あけを行う工作機械である。工作物は静止している。工具を取り替えることで、中ぐり、リーマ通し、座ぐり、タップ立てなどの作業ができる。

64 ✕ リン酸エステル系作動液は、含水系の難燃性作動油に含まれる。

65 ✕ ラインフィルターはポンプの吐出し側に設置し、回路の混入物を除去するために使用する。

66 ✕ 題意はピッチのことであり、リードとはねじを1回転させたとき、ねじ山の進む距離のことである。

67 ✕ スパナによるボルトの締付けの目安は、M6まで手首の力、M10まで肘の力で締める。

68 ◯ 実長を求めることもできるが、主に平行度、直角度、軸の曲がりなどの寸法偏差を知るために用いる。

69 ◯ 題意のとおりである。歯当たりはJISにより規定されており、歯すじ方向、歯たけ方向で見る。

70 ◯ 題意のとおり、Oリングは広範囲な各種機器の固定部分のガスケットや運動部分のパッキンとして使用されている。

71 ✕ 油圧装置の基本回路は、圧力制御回路、速度制御回路、ロッキング回路の3つがある。

72 ✕ 耐油性、耐熱性にすぐれているのは合成ゴムのほうである。

73 ✕ 電磁式流量計は、電磁誘導によって磁界中に流れる流体に発生する電圧を測定するものであり、ベルヌーイの定理を応用しているのは差圧式流量計である。

74 ✕ 油面計は油の量を視るものであり、異物混入、劣化については油中にマグネットを挿入したり、サンプルを採取して調べるなどいくつかの方法がある。

75 ◯ 水準器の感度は、気泡が気泡管の1目盛だけ移動させるのに必要な傾斜である。

76 ✕ ヤスリの目には単目と複目があり、アルミニウムのような軟質金属の仕上げには単目ヤスリを用いる。単目の方が切粉の逃げが良く、目に詰まりにくい。

77 ◯ 題意のとおりで、CrやNiを加えて、耐酸化性や不動態を与え、腐食に耐えるようにした鋼である。

78 ◯ 金属材料記号で、最初のアルファベットは材質を表す。Sは鋼を表している。

79 ✕ 対象物の見える部分の形状（外形線）を表すのに用いるのは太い実線である。細い実線は寸法線、引出し線などに用いられる。

80 × 空気圧の圧力は油圧に比べて低いため、安全性は高い。比較的軽作業に向いている。

81 ○ 題意のとおりで、含水系作動油は火災対策上から生まれたもので、難燃性作動油として、火災の危険がある油圧装置に使用される。

82 × ころがり軸受は、ラジアル荷重とスラスト荷重を1個の軸受で受けることができる。

83 × 穴の最小許容寸法より軸の最大寸法が小さい場合のはめあいをすきまばめという。

84 × ねじを1回転させたとき、ねじ山の進む距離をリード（L）という。

85 ○ 題意のとおりで、自動洗濯機の動作する仕組みなど、幅広く利用されている。

86 × 断面図にするとかえってみにくくなる場合は、断面図を作成しない。

87 × ちょう度の大きいものほど、グリースは軟らかくなる。なお、ちょう度とちょう度番号があり、ちょう度が大きくなるとグリースは軟らかくなり、ちょう度番号が大きくなると硬くなる。まぎらわしいが理解しておくこと。

88 ○ 題意のとおりで、T＝F×L（kg・cm）で求められる。

89 ○ 測定するときは、ラチェットストップを回す。

90 × 題意はマイクロメーターの測定における原理である。

91 ○ 題意のとおり。2軸が交わらず平行でもない場合に適するのは、ねじ歯車、ハイポイドギヤなど。

92 × ストロボスコープは、機械的接触によって対象物から回転を取り出せない場合に使用する計器である。

93 ○ 非鉄金属材料の銅、アルミニウム、すず、鉛、亜鉛などは、そのまま工業材料として用いられる。

94 ○ 題意のとおりで、熱可塑性プラスチックとして塩化ビニール、ポリアミド樹脂などがある。

95 × ドリルを用いて穴をあける作業は「きりもみ」である。

96 × 反射鏡のことであり、光電スイッチで、投光部・受光部と対向して設置して使用される。

97 ×　溶接は板厚や形状に制限が少なく、結合に要する時間が短く、機密も良好である。

98 ○　題意のとおりで、作動液に混入している固形粒子やゴミを除去して、回路内に持ち込ませないための機器である。

99 ×　金属だけでなく、物質一般を検出可能である。

100 ○　運動用シールには、成形パッキン、グランドパッキン、メカニカルシール、オイルシールなどがある。

2023年度
自主保全士検定試験

学科問題

1級・2級

2級

以下の問題文が正しければ○を、誤っていれば×を、解答用紙にマークしなさい。

チェック欄

1回目 2回目

1 企業における安全管理では、法令に反する安全基準でも、独自に基準化してよい。

2 安全衛生に関する活動では、事故防止に努め、万一災害が発生したときには、人体および企業活動に与える損害を最小限にとどめることが、ポイントである。

3 安全衛生点検のうち、法令に基づく定期点検は、特定の検査技術や資格などを有する者が行うことが義務づけられている。

4 ヒューマンエラーを防止する方法の1つに、指差呼称がある。

5 下図に示すハインリッヒの法則のイメージにおいて、Bには不休災害（軽傷）、Cにはヒヤリとしただけの無災害事故が該当する。

6 作業服は、寒暖に応じて腕まくりをしたり、ボタンを外して着用してもよい。

7 下記の保護具は、騒音から耳を守るために使用されるものである。

□□ **8** 機械の電源を切った後も、惰力によって回転しているものを止める場合は、工具や棒を使用して停止させる。

□□ **9** クレーンで玉掛けをする場合は、吊り荷が回転したりズレたりすることがあるので、1本吊りは絶対にしてはならない。

□□ **10** 空気中の酸素濃度が20％の場合、酸素欠乏状態にあるといえる。

□□ **11** 危険予知活動（KYK）とは、作業で予測される危険要因を予知して、安全行動目標を決め、人的要因の災害を防止する活動のことである。

□□ **12** リスクアセスメントは、潜在的な危険性または有害性を見つけ出し、これを除去、低減するための手法である。

□□ **13** 管理のサイクル（PDCAサイクル）を用いた管理とは、Plan（計画）→ Do（実行）→ Check（評価・診断）→ Action（修正・改善）のサイクルを回すことである。

□□ **14** 品質管理では、経験やカンに頼るのではなく、事実に基づいて管理を行うことが重要である。

□□ **15** 三現主義とは、現場、現物、現象（現実）を重視する考え方である。

□□ **16** 抜取り検査とは、同一の生産条件から生産された全製品を、すべて検査することである。

□□ **17** メンバーシップとは、集団を構成するメンバーとして、目標達成のため自己の能力・スキルを最大限活用して協力していくことである。

□□ **18** Off-JTは、主に職場の業務を離れて行う教育訓練である。

□□ **19** 自己啓発とは、上司や先輩が個別に部下を教育・指導する方法である。

□□ **20** 伝達教育とは、本や映像など用いて、人以外から学ぶ教育方法である。

□□ **21** 典型7公害の1つに、土壌汚染がある。

□□ **22** リサイクルとは、廃棄物を原材料として再生利用するという考え方である。

- [ ] [ ] **23** エコマークは、有害化学物質を含有する製品につけられる目印である。
- [ ] [ ] **24** 生産保全（PM）の手段の1つに、事後保全（BM）がある。
- [ ] [ ] **25** 状態基準保全（CBM）は、一定の周期で行われる保全のことである。
- [ ] [ ] **26** 改良保全（CM）とは、設備を使用開始前の正しい状態に戻すことである。
- [ ] [ ] **27** 保全予防（MP）は、保全作業における災害ゼロを目指す活動である。
- [ ] [ ] **28** 人の効率化を阻害するロスは、標準工数に対して、実際にどれだけの工数を必要としたかという比率で考える。
- [ ] [ ] **29** 原単位の効率化を阻害する3大ロスは、管理ロス、動作ロス、編成ロスである。
- [ ] [ ] **30** 速度稼動率（％）は、次の式で求められる。

$$速度稼動率（％） = \frac{実際サイクルタイム}{基準サイクルタイム} \times 100$$

- [ ] [ ] **31** 潜在欠陥には、物理的潜在欠陥と心理的潜在欠陥の2つのタイプがある。
- [ ] [ ] **32** 自然劣化は、設備に対し清掃や給油などやるべきことをやっていないために発生する。
- [ ] [ ] **33** 故障ゼロへの5つの対策の1つに「設計上の弱点を改善する」がある。
- [ ] [ ] **34** 機能停止型故障は、システムや設備の部分的な機能低下によって、歩留まりや速度の低下を発生させる故障である。
- [ ] [ ] **35** 故障のメカニズムとは、故障の原因が故障として表面に現れるまでの過程のことである。
- [ ] [ ] **36** 初期故障期とは、設備の摩耗・老化現象などによって、時間の経過とともに故障率が大きくなる時期のことである。
- [ ] [ ] **37** 故障度数率は、負荷時間あたりの故障停止時間の割合である。

38 規定の期間中、故障が発生しなかった設備は、故障が発生した設備よりも信頼性が高いといえる。

39 ライフサイクルコスト（LCC）とは、設備が故障してから再稼動するまでにかかる総費用のことである。

40 MTBF は、故障の修復にかかった時間の平均値である。

41 MTTF は、修理可能な設備の故障から次の故障までの動作時間の平均値である。

42 自主保全として行う保全活動は、劣化を防ぐ活動、劣化を測る活動、劣化を復元する活動の 3 つに分類される。

43 自主保全活動のステップ方式では、ステップの活動を順番に沿って進めなければならない。

44 自主保全活動におけるステップ診断では、サークルメンバー全員が役割分担して発表・発言する。

45 自主保全で行うすべての作業は、仕事そのものであるという認識を徹底する必要がある。

46 活動板は、活動方針や管理指標などが、ひと目で誰にでもわかるサークル活動のツールである。

47 ワンポイントレッスンは、日常活動の中で学習するために有効な伝達のツールである。

48 ミーティングは、1 回あたりの時間を長くとり、回数は少なくするとよい。

49 エフは、設備の不具合個所だけでなく、保全性や安全性の悪い場所にも取り付ける。

50 定点撮影は、対象物の改善・改良の変化を、定期的にとらえるために用いられる。

51 マップによる管理では、不具合個所などをレイアウト上で表現し、何をやるべきか、何をやったかを明確にする。

52 五感点検では、微欠陥を発見することはできない。

53 正しい状態から外れているものに対しては、改善活動を行う前に、まず復元を行う。

54 自主保全第1ステップ（初期清掃）における基本条件の整備では、清掃のみ行い、給油・増締めは行わない。

55 設備の清掃を行うことで、機能の維持や誤動作の防止といった効果も期待できる。

56 自主保全第2ステップ（発生源・困難個所対策）における局所化とは、発生源そのものを完全に絶つことである。

57 自主保全第2ステップ（発生源・困難個所対策）における困難個所とは、作業改善することができない個所である。

58 自主保全第3ステップ（自主保全仮基準の作成）において、サークル内で自ら基準書をつくることによって、役割意識が高まり、責任感が養われる。

59 給油方法を見直す際は、油種を明確にして、できれば油種を統一する。

60 自主保全第4ステップ（総点検）の目的の1つに、設備の構造・機能・原理とあるべき姿を理解することが挙げられる。

61 自主保全第4ステップ（総点検）において、総点検教育訓練スケジュールはサークルメンバーが、日常点検仮基準は保全スタッフや現場管理者が作成する。

62 下図の円グラフにおいて、全てのロス件数のうち、B工程で発生したロス件数の割合は、60％である。

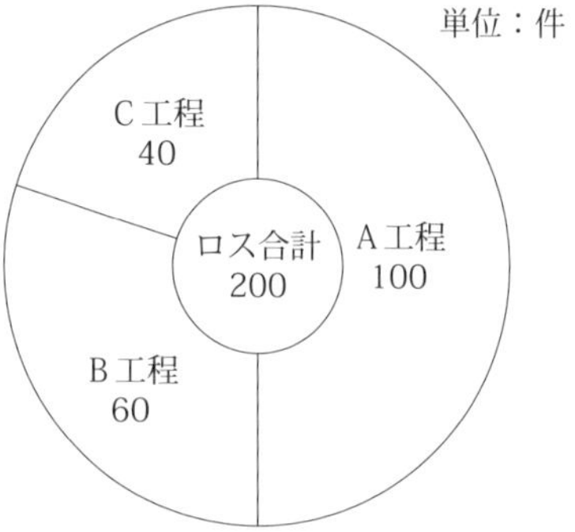

単位：件

C工程
40

ロス合計
200

A工程
100

B工程
60

63 下図のレーダーチャートにおいて、教育後の作業者のレベルがもっとも高い項目は、「締結」である。

レベル	評　価
1	まったく修理ができない
2	少ししか修理ができない
3	少し教えれば修理ができる
4	自分で修理ができる
5	人に教えられる

- - - 総点検教育前3ヵ月
―――　総点検教育後3ヵ月

64 度数分布表は、ある品質特性に対するバラツキの状況や、規格との関連を調査するために用いられる。

65 管理図の例として、p管理図やnp管理図が挙げられる。

66 正規分布の分布曲線は、ベル型をしたもので、中心線の左右は対称である。

67 標準偏差は、データのバラツキを数量的に表すものである。

68 工程能力は、定められた規格限度内で、製品を生産できる能力である。

69 なぜなぜ分析は、複数の危険源をスタートとして、それらが引き起こすすべての不具合を明確にする手法である。

70 PM分析では、現象を物理的に解析し、メカニズムを理解して生産活動の4要素（4M）との関連性を追求していく。

71 慢性的に発生するロスは、突発的に発生するロスよりも、原因がつかみやすいことが多い。

72 5W2Hを使った質問法において、2つのHは、Hear（聞く）とHelp（助ける）を示している。

73 ピッチタイム（タクトタイム）を求める下記の公式において、Aに入るのは「1日の計画生産数」、Bに入るのは「1日の稼動時間」である。

$$ピッチタイム（タクトタイム） = \frac{\boxed{A} \ \times 良品率}{\boxed{B}}$$

74 内段取りは、機械設備を止めなくてもできる段取りのことである。

75 価値工学（VE）における製品の「価値」、「機能」、「コスト」の関係は、次の式で表現できる。

$$価値 = \frac{機能}{コスト}$$

76 FMEA とは、故障モードが及ぼす影響度を解析して、故障の未然防止を図る手法である。

77 おねじとは、円筒内にみぞを切ったねじのことである。

78 ボルトのゆるみ止め方法の１つに、二重ナット（ダブルナット）がある。

79 下図の A と B のうち、適切な合マークの記入例は、A である。

80 軸受には、ころがり軸受とすべり軸受がある。

81 歯車は、回転軸の振動や騒音を小さくするために用いられる。

82 V ベルトは、ベルトとプーリーの摩擦力によって動力を伝達する。

83 密封装置（密封部品）は、機械や装置の内部からの液体漏れや、外部からの異物の侵入を防止するために用いられる。

84 潤滑油の温度が上昇すると、酸化速度は遅くなる。

85 エアシリンダーは、機械エネルギーを圧縮空気エネルギーに変える機器である。

86 粘度指数が高い油は、温度変化による粘度変化が大きい。

87 電流は、次の式で求められる。

$$電流 = \frac{抵抗}{電圧}$$

88 接地は、電気機器や配線類などの絶縁不良や損傷により、電流が他に漏れて流れている現象である。

89 インバーターは、低圧回路の電路保護に用いられる遮断器である。

90 レギュレーターは、圧縮空気の圧力を使用目的に応じて制御するために用いられる。

91 ルブリケーターは、電磁弁やシリンダーの摺動部などに潤滑油を供給するために用いられる。

92 油圧バルブのうち、圧力制御弁は、アクチュエーターの仕事の大きさを決める弁である。

93 リミットスイッチは、主に圧力の変化を検出するセンサーである。

94 純鉄は、ステンレス鋼よりも腐食に強い金属材料である。

95 非鉄金属材料の例として、アルミニウムが挙げられる。

96 金属部品の結合方法の1つに、リベットで結合する方法がある。

97 工業材料の塗装は、防食や防湿、装飾などを目的として行われる。

98 ゴムは、ベルトやパッキンなどの材料として用いられる。

99 ハンドタップは、めねじを切る切削工具である。

100 寸法公差（サイズ公差）は、最大許容寸法と最小許容寸法の差である。

1級

以下の問題文が正しければ○を、誤っていれば×を、解答用紙にマークしなさい。

チェック欄

1回目 2回目

1 指差呼称によって、エラー発生が約6分の1以下に減ることが証明されている。

2 防じんマスクは、酸素濃度の低い作業場所で、十分な濃度の酸素を吸入するために用いる保護具である。

3 工作機械での作業中に停電が発生した際は、設備のベルト、クラッチ、送り装置を遊びの位置にセットしてから、スイッチを切る。

4 玉掛け作業では、吊り角度が90度以上となるようにする。

5 酸素欠乏の危険がある場所では、酸素欠乏危険作業主任者の指揮のもとで、作業を行う。

6 KYT4ラウンド法における第4ラウンドでは、目標設定を行う。

7 災害年千人率は、次の式で求められる。

$$災害年千人率 = \frac{1年間の死傷者数}{1年間の平均労働者数} \times 1,000$$

8 労働損失日数とは、労働災害による負傷のため働くことができなくなった日数を表したものである。

9 労働安全衛生マネジメントシステム（OSHMS）の目的の1つに、快適な職場環境の形成が挙げられる。

10 5Sにおける整頓とは、必要なものと不必要なものに分け、不必要なものを処分することである。

11 管理のサイクル（PDCAサイクル）における、Dは「決定」である。

12 QC工程表は、設備の不具合個所の発見日を、カレンダー上に記入したものである。

□□ **13** ある程度の不良品の混入が許される多数・多量のものの検査には、全数検査より抜取り検査の方が有効である。

□□ **14** 品質保全における8の字展開法とは、自主管理と維持管理の2つのサイクルを回すことである。

□□ **15** 作業標準は、おもに現場で作業しない管理者が使用するものである。

□□ **16** 余力管理では、仕事量と生産能力とのバランスを調整し、遊びの時間が多くなるようにする。

□□ **17** リーダーシップは、メンバー全員に目的や方針を理解させ、それらの達成のために行動させるリーダーの影響力や指導力である。

□□ **18** OJTの長所として、実践的な教育や、きめ細かなフォローが可能な点が挙げられる。

□□ **19** 自己啓発とは、通信教育などを活用して自主的に学習することである。

□□ **20** 教育計画の作成において、個人別の年間スケジュールや担当業務は明確にしないことが重要である。

□□ **21** 大気を汚染する物質の例として、一酸化炭素や浮遊じんなどが挙げられる。

□□ **22** リユースとは、回収されたゴミを分別して、正しい処理方法で廃棄する考え方である。

□□ **23** ゼロ・エミッションとは、「廃棄物ゼロ」の生産システムの構築を目指すものである。

□□ **24** 環境マネジメントシステムは、法令で定められた環境基準を、各企業が遵守しているか確認する国のシステムである。

□□ **25** SDGsは、2050年までに温室効果ガスの排出を、全体としてゼロにすることを目指す取り組みである。

□□ **26** 生産保全における改善活動は、保全時間を短縮することや、保全を無くすことなどを目的とした活動である。

□□ **27** 時間基準保全（TBM）の例として、モニタリングによる部品の状態監視などが挙げられる。

☐ ☐	**28**	事後保全（BM）とは、設備の性能が低下もしくは機能が停止してから補修、取替えを実施する保全方法である。
☐ ☐	**29**	改良保全（CM）は、現存設備の弱いところを計画的・積極的に体質改善して、劣化・故障を減らす保全方法である。
☐ ☐	**30**	操業度を阻害するロスには、計画休止が該当する。
☐ ☐	**31**	設備の効率化を阻害するロスの1つに、不良・手直しロスがある。
☐ ☐	**32**	管理ロスの例として、コンベヤ作業のラインバランスロスが挙げられる。
☐ ☐	**33**	心理的潜在欠陥とは、分解するか診断しないとわからない内部欠陥である。
☐ ☐	**34**	機能停止型故障は、一般に突発故障と呼ばれる。
☐ ☐	**35**	故障モードの例として、変形や折損などが挙げられる。
☐ ☐	**36**	ライフサイクルコスト（LCC）は、設備の運転開始から廃却までにかかる補修費用の合計である。
☐ ☐	**37**	機械（部品）の信頼度を評価する尺度の例として、平均故障寿命などが挙げられる。
☐ ☐	**38**	設備の負荷時間が同じであれば、故障停止時間が長いほど、故障強度率の値は大きくなる。
☐ ☐	**39**	設備の動作時間が同じであれば、故障停止回数が多いほどMTBFの値は大きくなる。
☐ ☐	**40**	設備の負荷時間が150時間、故障停止回数が30回、故障停止時間の合計が60時間の場合、MTTRは、5時間である。
☐ ☐	**41**	オペレーターに求められる4つの能力の1つである「維持管理能力」とは、決めたルールをきちんと守れることである。
☐ ☐	**42**	自主保全活動のうち、劣化を防ぐ活動には、運転・段取り上の調整が含まれる。
☐ ☐	**43**	自主保全活動の第1～7ステップを通じて、設備→人→現場の順番に体質改善がなされていく。

44 自主保全活動におけるステップ診断では、診断側は、サークルのかかえる問題点をその場で明らかにし、具体的改善アドバイスを行う。

45 自主保全活動のステップ方式におけるマスタープランとは、展開される主要な活動のステップや、段階ごとの着手・完了予定を示したものである。

46 重複小集団活動を行う目的の1つは、ボトムアップの機能を排除することで、トップダウンの意志系統を強化することである。

47 ボルト・ナットに合マークをつけることで、マークのずれを発見しても放置することが可能となる。

48 自主保全活動における3種の神器は、活動板・ワンポイントレッスン・エフである。

49 エフ付け・エフ取りした不具合が再発した場合は、繰返しエフ付けを実施する。

50 マップは、活動計画・目標を表示するためのツールである。

51 自主保全第1ステップ（初期清掃）の定量的な効果の例として、チョコ停の低減が挙げられる。

52 設備の清掃を行うことで、不具合やその兆候を見つけるのが難しくなる。

53 自主保全第2ステップ（発生源・困難個所対策）の手順として、発生源を絶つことができない場合は、次に量や範囲を極小化・局所化する。

54 自主保全第2ステップ（発生源・困難個所対策）における改善の例として、点検窓の設置による点検時間の短縮が挙げられる。

55 自主保全第4ステップ（総点検）において、総点検実施前に日常点検仮基準書を、総点検実施後に総点検マニュアルを作成する。

56 自主保全第5ステップ（自主点検）において、自主保全基準書を見直す際の視点の1つに、点検効率化の視点がある。

57 自主保全第6ステップ（標準化）において、突発故障時の行動基準は、標準化の対象としない。

58 自主保全第7ステップ（自主管理の徹底）において、自主管理を継続するための必須条件を整えるのは、管理者の仕事である。

59 QCストーリーにおける「要因の解析」とは、問題がなぜ発生したのかという原因を突き止めることである。

60 下図において、Aに入るのは「特性（結果）」、Bに入るのは「要因」である。

<特性要因図の概念図>

61 管理図を用いたデータ解析における計数値の例として、故障停止時間が挙げられる。

62 正規分布において、平均値 μ、標準偏差 σ とした場合、面積の99.7%が μ ± 3 σ の範囲に存在する。

63 上限規格が65、下限規格が53、標準偏差が2の場合、工程能力指数（Cp）は、0.6である。

64 連関図法は、工事に必要な期間を算定するためなどに用いられる。

65 下図は、マトリックス図法の概念図である。

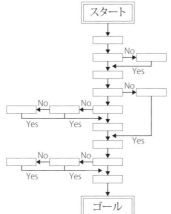

66 なぜなぜ分析は、故障や不具合に対して、人間の心理面での対策を考える手法である。

67 PM分析は、重点指向の考え方で進めることが有効である。

68 下図において、Aに入るのは「慢性的なロス」、Bに入るのは「突発的なロス」である。

＜突発的なロスと慢性的なロスの違い＞

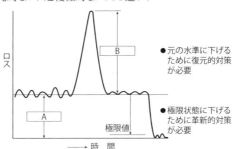

69 改善の4原則（ECRS）のうち、Rの例として、同時に複数の作業を処理することでムダを省く改善が挙げられる。

70 5W2Hを使った質問において、5つのWの例の1つに、「発生コスト（いくら）」が挙げられる。

71 稼動分析の手法の1つに、ワークサンプリング法がある。

72 動作経済の原則は、作業者の疲労をもっとも少なくして、仕事量を増加する考え方である。

73 段取り作業における外段取りの例として、設備を一時的に停止して、金型を取り替えることが挙げられる。

74 価値工学（VE）の考え方によると、製品のコストを下げ、それ以上に機能を低下させることで価値が向上する。

75 下図は、FMEA のイメージ図である。

ボトムアップ

電気が通じない　油が固まってしまう

モーターが動かない　チェーンが切れる

76 FTA では、設計されたシステムのすべての構成品目について、使用中の潜在的な故障モードを仮定して、解析を進めていく。

77 下図の一条ねじにおいて、矢印が示す距離をピッチという。

78 ボルトの締付けトルクは、ボルトの軸心から作用点までの距離と回す力の積で求められる。

79 モンキーレンチは、スパナよりも適正なトルクでボルトを締め付けることができる。

80 コッターとは、軸方向に押したり引いたりする力を受ける2本の棒をつなぎ合わせるものである。

81 歯車の歯形には、インボリュート歯形とサイクロイド歯形がある。

82 配管フランジに用いられる下図の密封装置（密封部品）を、座金という。

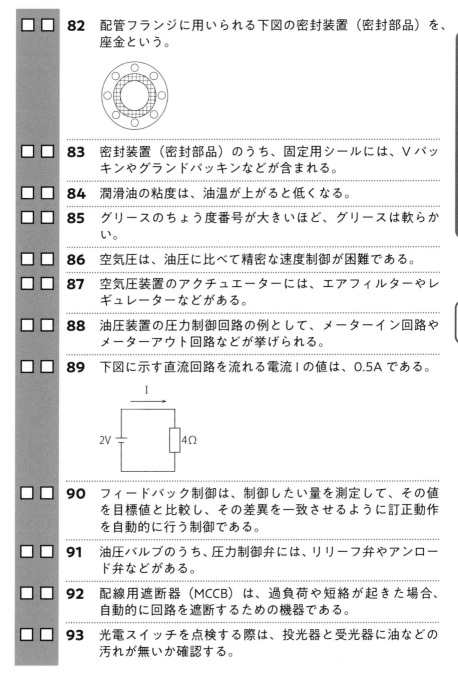

83 密封装置（密封部品）のうち、固定用シールには、Ｖパッキンやグランドパッキンなどが含まれる。

84 潤滑油の粘度は、油温が上がると低くなる。

85 グリースのちょう度番号が大きいほど、グリースは軟らかい。

86 空気圧は、油圧に比べて精密な速度制御が困難である。

87 空気圧装置のアクチュエーターには、エアフィルターやレギュレーターなどがある。

88 油圧装置の圧力制御回路の例として、メーターイン回路やメーターアウト回路などが挙げられる。

89 下図に示す直流回路を流れる電流 I の値は、0.5A である。

90 フィードバック制御は、制御したい量を測定して、その値を目標値と比較し、その差異を一致させるように訂正動作を自動的に行う制御である。

91 油圧バルブのうち、圧力制御弁には、リリーフ弁やアンロード弁などがある。

92 配線用遮断器（MCCB）は、過負荷や短絡が起きた場合、自動的に回路を遮断するための機器である。

93 光電スイッチを点検する際は、投光器と受光器に油などの汚れが無いか確認する。

94 ボール盤での作業の例として、きりもみやリーマ通しなどが挙げられる。

95 純鉄は、鋳鉄よりも炭素を多く含む。

96 熱硬化性プラスチックは、加熱して硬化した後、再度加熱すると軟化する特徴がある。

97 マイクロメーターでの測定時は、シンブルを直接回さず、ラチェットストップ（送りつまみ）を使用する。

98 非接触式の温度計の例として、液体封入ガラス温度計や抵抗温度計などがある。

99 ストロボスコープは、モーターなどの回転数を測定するために用いられる。

100 JIS によると、図面における引出し線は、細い一点鎖線で描かれる。

2級

1	2	3	4	5	6	7	8	9	10	11	12	13	14	15	16	17	18	19	20
×	○	○	○	○	×	○	×	○	×	○	○	○	○	○	×	○	○	×	×

21	22	23	24	25	26	27	28	29	30	31	32	33	34	35	36	37	38	39	40
○	○	×	○	○	○	○	○	×	×	○	×	○	×	○	×	×	○	×	×

41	42	43	44	45	46	47	48	49	50	51	52	53	54	55	56	57	58	59	60
×	○	○	○	○	○	○	×	○	○	×	○	○	○	○	○	○	○	○	○

61	62	63	64	65	66	67	68	69	70	71	72	73	74	75	76	77	78	79	80
×	×	○	○	○	○	○	○	○	○	×	×	×	×	○	○	×	○	×	○

81	82	83	84	85	86	87	88	89	90	91	92	93	94	95	96	97	98	99	100
×	○	○	×	×	×	×	×	×	○	○	○	×	×	○	○	○	○	○	○

※無断複製転載を禁じます

1級

1	2	3	4	5	6	7	8	9	10	11	12	13	14	15	16	17	18	19	20
○	×	×	×	○	○	○	○	○	○	×	×	×	○	○	×	×	○	○	×

21	22	23	24	25	26	27	28	29	30	31	32	33	34	35	36	37	38	39	40
○	×	○	×	×	○	×	○	○	○	○	×	×	○	○	○	×	○	×	×

41	42	43	44	45	46	47	48	49	50	51	52	53	54	55	56	57	58	59	60
○	○	○	○	○	×	×	×	○	×	○	×	○	○	×	○	×	○	○	×

61	62	63	64	65	66	67	68	69	70	71	72	73	74	75	76	77	78	79	80
×	○	×	×	×	×	×	○	×	×	○	○	×	○	○	○	○	×	×	○

81	82	83	84	85	86	87	88	89	90	91	92	93	94	95	96	97	98	99	100
○	×	×	○	○	○	○	○	○	○	○	○	×	×	○	○	×	○	×	×

※無断複製転載を禁じます

本書の内容に関するお問合わせは、インターネットまたは Fax で
お願いいたします。電話でのお問合わせはご遠慮ください。
・URL　https://www.jmam.co.jp/inquiry/form.php
・Fax 番号　03（3272）8127
自主保全士検定試験の詳細については、日本プラントメンテナンス
協会（https://www.jishuhozenshi.jp/）に直接ご確認ください。

2024 年度版 自主保全士検定試験 学科問題集

2024 年 5 月 30 日　初版第 1 刷発行
2024 年 9 月 10 日　　第 3 刷発行

編著者 ——— 日本能率協会マネジメントセンター
　　　　　　　©2024 JMA MANAGEMENT CENTER INC.

発行者 ——— 張　士洛

発行所 ——— 日本能率協会マネジメントセンター

〒 103-6009　東京都中央区日本橋 2–7–1　東京日本橋タワー
TEL：03-6362-4339（編集）／ 03-6362-4558（販売）
FAX：03-3272-8127（編集・販売）
https://www.jmam.co.jp/

装　丁 ——————— 冨澤　崇（EBranch）
本文 DTP・印刷 ——— 株式会社グロップ
製　本　所 ——————— 株式会社三森製本所

ISBN 978-4-8005-9221-7 C3053
落丁・乱丁はおとりかえします。
PRINTED IN JAPAN

自主保全士検定試験

改訂版 自主保全士 公式テキスト

検定試験&オンライン試験対応

● A5判・408頁

2022年11月、6年ぶりに公式テキストが改訂されました。2023年度以降の試験は本書から出題されています。学科・実技の両方を網羅した、自主保全士試験必須の参考書です。『学科問題集』『実技問題集』とセットでご活用ください。

主な目次
第1章　生産の基本
1 安全衛生 ／ 2 5S ／ 3 品質 ／ 4 作業と工程 ／ 5 職場のモラール ／ 6 教育訓練 ／ 7 就業規則と関連法令 ／ 8 環境への配慮

第2章　生産効率化とロスの構造
1 保全の発展と考え方 ／ 2 生産保全(PM: Productive Maintenance) ／ 3 TPMの基礎知識 ／ 4 ロスの考え方 ／ 5 設備総合効率(OEE:Overall Equipment Effectiveness) ／ 6 装置の8大ロスとプラント総合効率 ／ 7 故障ゼロの活動

第3章　設備の日常保全(自主保全活動)
1 自主保全の基礎知識 ／ 2 自主保全活動の支援ツール ／ 3 第1ステップ:初期清掃 ／ 4 第2ステップ:発生源・困難個所対策 ／ 5 第3ステップ:自主保全仮基準の作成 ／ 6 第4ステップ:総点検 ／ 7 第5ステップ:自主点検 ／ 8 第6ステップ:標準化、第7ステップ:自主管理

第4章　改善・解析の知識
1 解析・改善手法 ／ 2 QCストーリーによる解析・改善 ／ 3 なぜなぜ分析 ／ 4 PM分析 ／ 5 IE (Industrial Engineering) ／ 6 段取り作業の改善 ／ 7 価値工学(VE: Value Engineering) ／ 8 FMEAとFTA

第5章　設備保全の基礎
1 設備保全の基礎 ／ 2 機械要素 ／ 3 潤滑 ／ 4 空気圧・油圧(駆動システム) ／ 5 電気 ／ 6 おもな機器・設備 ／ 7 材料 ／ 8 工具・測定器具 ／ 9 図面の見方

JMAM 株式会社 日本能率協会マネジメントセンター

過去の実技問題を詳しい解説とともに掲載

● A5 判・360 頁

　学科問題集と同じく、自主保全士検定試験の学習に対応した唯一の実技問題集です。2022 年度、2023 年度に出題された 1・2 級の実技試験問題と解答・解説を掲載。解説には多くの図表を使って、わかりやすくしています。「ワンポイント・アドバイス」や「ひと口メモ」などを盛り込み、参考書的な要素も加えました。実技試験の傾向の把握や、問題を解くためのポイントもこれでバッチリ！！

主な目次

2023 年度 [1 級] 実技試験問題・解答／解説
2023 年度 [2 級] 実技試験問題・解答／解説
2022 年度 [1 級] 実技試験問題・解答／解説
2022 年度 [2 級] 実技試験問題・解答／解説

2024年度版 自主保全士検定試験 実技問題集

JMAM 機械保全技能検定試験 1・2 級の参考書・問題集

2023年度版 機械保全の徹底攻略〔機械系・学科〕

日本能率協会マネジメントセンター編／ A5判、512ページ

- ●昨年度の出題に対応して解説項目を整理！
- ●過去 17 年間の出題内容すべてをグラフに整理して、頻出問題を掲載！
- ●とくに重要な項目については、Zoom UP として特別に解説！

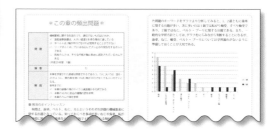

2023年度版 機械保全の過去問500＋チャレンジ100〔機械系学科 1・2 級〕

日本能率協会マネジメントセンター編／ A5判、360ページ

- ●共通・機械系の学科試験5年分(500問)と、チャレンジ問題(100問)を掲載
- ●解説付きで過去問を効率的に学習！
- ●他の参考書、教材などで不得意分野を徹底学習し、再度本問題集にチャレンジすることで実力がつく！

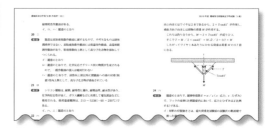

株式会社 日本能率協会マネジメントセンター

2023年度版 機械保全の徹底攻略〔電気系保全作業〕

日本能率協会マネジメントセンター編／ A5判、584ページ

- 学科・実技試験ともに対応！
- 過去12年間の出題傾向を分析して，グラフ化するとともに頻出問題を解説！
- 2022年度の実際の試験問題（学科）と解答を掲載！

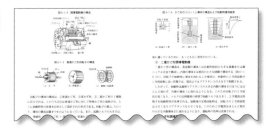

2023年度版 機械保全の徹底攻略〔機械系・実技〕

日本能率協会マネジメントセンター編／ A5判、408ページ

- 近年の出題傾向を分析して大幅に改訂！
- 実際の出題に近づけて、ベアリング・歯車・金属破断面の損傷写真をカラーで掲載！
- 過去の出題から今年度の模擬問題を解答・解説付きで掲載！

JMAM 株式会社 日本能率協会マネジメントセンター

2023年5月出版

学科・実技頻出項目をコンパクトに整理

機械保全
（機械系1・2・3級）

見るだけ
直前対策ノート

A5判、160ページ、損傷写真などはカラーで掲載

本書は「これだけは知っておきたい要点」を「テキストの章の配列にとらわれず」表形式でまとめました。

機械系1～3級（学科・実技）の試験で、必要最小限の知識がコンパクトに整理されています。

実際の試験では、たとえば「ころがり軸受」は学科の「機械要素」や「損傷と対策」として、実技の「振動測定」や「JIS図法」として出題されます。そこで「ころがり軸受」という個別項目と「損傷や振動」という関連項目と結び付けて解説しました。読み返すうちに各章の項目間の縦横の結びつきが直観的にわかるようになります。

●主な目次
第1章　機械一般 + 機械工作法
第2章　電気一般
第3章　機械保全法一般
第4章　材料一般 + 非金属材料
第5章　安全衛生
第6-1章　機械の主要構成要素の種類、形状および用途
第6-2章　機械の主要構成要素の点検 + 非破壊試験
第6-3章　機械の主要構成要素に生じる欠陥の種類、原因、対応処置
第6-4章　潤滑剤
第6-5章　油圧・空気圧 + JIS記号
第6-6章　力学・材料力学
第6-7章　JISによる製図

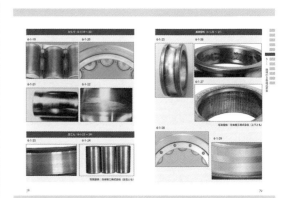

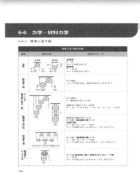

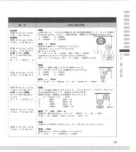

JMAM　株式会社 日本能率協会マネジメントセンター